土屋 健

機能獲得の進化史

化石に見る「眼・顎・翼・あし」の誕生

監修　群馬県立自然史博物館
イラスト　かわさきしゅんいち・藤井康文

みすず書房

目次

先カンブリア時代	エディアカラ紀	（約6億3500万年前〜約5億4100万年前）	・大型動物の出現［1］ ・平和でスローな、海底表面の生態系の構築［3］ ・地域的に（？）海底下にもぐる動物が出現する［1］
古生代	カンブリア紀	（約5億4100万年前〜約4億8500万年前）	・本格的な生存競争の始まり［1］ ・多くの動物が海底下に潜るようになる［1］ ・カンブリア紀の農耕革命［1］ ・動物の硬組織化の促進［1］ ・外骨格の出現［1］ ・脊椎動物（魚）の出現［1］ ・眼をもつ動物の出現［2］ ・二肢型付属肢をもつ節足動物の出現［3］ ・あしの多様化［3］
古生代	オルドビス紀	（約4億8500万年前〜約4億4400万年前）	・鱗をもつ魚の出現［1］
古生代	シルル紀	（約4億4400万年前〜約4億1900万年前）	・顎をもつ魚の出現［1］ ・生殖器をもつ介形虫類の出現［5］
古生代	デボン紀	（約4億1900万年前〜約3億5900万年前）	・体内受精する魚の出現［5］ ・四肢をもつ動物の出現［3］ ・脊椎動物の上陸作戦［3］

地質年代表

本書で紹介している生物のさまざまな機能／特徴を抜粋し、地質年代ごとにまとめた。
［ ］内はそれぞれが登場する章を表す。

代	紀	年代	機能／特徴
古生代	石炭紀	（約3億5900万年前〜約2億9900万年前）	・本格的な陸上歩行に適した四肢の獲得［3］ ・翅をもつ昆虫の出現［4］ ・羊膜をもつ卵の出現［5］
古生代	ペルム紀	（約2億9900万年前〜約2億5200万年前）	・暗視能力をもつ単弓類の出現［2］ ・滑空する脊椎動物（爬虫類）の出現［4］
中生代	三畳紀	（約2億5200万年前〜約2億100万年前）	・甲羅による防御をする爬虫類（カメ類）の出現［1］ ・効率的に歩行する爬虫類（恐竜類）の出現［3］ ・本格的な飛行性脊椎動物（翼竜類）の台頭［4］
中生代	ジュラ紀	（約2億100万年前〜約1億4500万年前）	・鳥類の台頭［4］
中生代	白亜紀	（約1億4500万年前〜約6600万年前）	・抱卵する恐竜類の繁栄［5］
新生代	古第三紀	（約6600万年前〜約2300万年前）	・エコーロケーション能力をもつ哺乳類（翼手類）の出現［4］ ・エコーロケーション能力をもつ哺乳類（ハクジラ類）の出現［2］
新生代	新第三紀	（約2300万年前〜約258万年前）	・電気感知能力をもつ哺乳類（単孔類）の出現［2］
新生代	第四紀	（約258万年前〜現在）	

はじめに

生命は、〝機能〟の塊です。

ものを噛む〝機能〟。

身を守る〝機能〟。

遠くの景色を把握したり、動物の接近を感知したりする〝機能〟。

歩くための〝機能〟。

空を飛ぶための〝機能〟。

そして、〝愛を育む機能〟。


こうした〝機能〟は、長い進化の果てに獲得されてきたものです。

38億年を超える地球生命の進化の歴史。その中で、多くの生物が、さまざまな〝機能〟を獲得し、栄え、そして滅びていきました。

私たちヒトがもつ〝機能〟のうちのいくつかは、そうした生物から〝継承〟されたものであり、あるいは、独自に発達させたものです。そして、自然界には、ヒトがもたない〝機能〟もたくさんあります。

新たな〝機能〟の獲得は、生命に新たな可能性をもたらしてきました。

獲得された〝機能〟によって、生物はまだ見ぬ世界への進出が可能となり、ときに生態系が大きく変化することになりました。

それは、生命の歴史の中で、繰り返し行われてきた〝変化〟です。

本書は、こうして獲得された〝機能〟について、５つの視点を用意しました。

第１章は、動物が獲物を襲い、あるいは、天敵から身を守るための〝攻撃と防御の機能〟。

第２章は、直接物体に触れていなくても、その様子を把握できる〝遠隔検知の機能〟。

第３章は、とくに陸上動物にとって、移動に欠かせない〝あしの機能〟

第４章は、私たちヒトにはない〝飛行機能〟。

第５章は、次代の生命を残すために欠かせない〝愛情に関する機能〟。

それぞれの〝機能〟に関して、生命史の中でどのように獲得され、生態系にどのような影響を与えてきたのか、学術資料と専門家への取材と監修のもとに文を綴りました。

本書には、多くの古生物が登場します。

そもそも古生物とは、人類の文明史（正確には文字記録のはじまり）よりも前の生き物です。多くの方の人気を集める恐竜類はその代表といえる存在です。他にもたくさんの古生物が生き、死んで、そして化石となって、今に残っています。

本書に登場する古生物の多くは、〝機能を最初に獲得したパイオニア〟に近い存在です。その意味では、恐竜図鑑に登場するような〝迫力のある大型の古生物〟を求めている方は、「ちょっとちがう」と思われるかもしれません。

しかし、いずれも、生命史を語る上で欠かすことができない重要な生物なのです。ぜひ、彼らの存在を、この機会にお見知り置きください。

コロナ禍の中、多くの皆様との縁に支えられての上梓となりました。関係皆様に重ねて感謝いたします。

そして、今、この本を手に取っていただいているあなたにも大きな感謝を。

本書を読むことで、あなたの知的好奇心が少しでも刺激され、「古生物学って面白そう」「博物館に行ってみようかな」「あの本にも手を伸ばしてみようかな」といった、気持《知的探究心》ちを味わっていただければ幸いです。

本書と本書からはじまる知的な旅が、少しでも多くの方々の気持ちの助けとなればと思います。たいへんな世情だからこそ、古生物学は、知的面から、人々の〝心を救う学問〟になり得るはずです。

第1章　攻撃と防御

自然界は残酷だ。

ピョンピョンと愛らしく飛び回るウサギが、キツネに襲われ、命を落とすことがある。

つい先ほどまで、そこで遊んでいたキツネの子が、急襲したタカにさらわれることがある。

わずかな油断が命取りになる。

そして、幼いもの、怪我をしているものなどの〝弱者〟は、油断をしていなくても、〝強者〟に襲われ、その糧となる。

喰う・喰われるの生存競争。

弱肉強食。少数の強者が多数の弱者の上に君臨する生態ピラミッド。

それが自然界における純粋な掟だ。

もっとも、襲われるものが「襲われるまま」というわけではない。ときに弱者は、自分の身を守る〝鎧〟を発達させ、あるいは、襲撃者の手の届かない樹上や地下に身を隠し、ときには、ツノや牙などで相手を威嚇し、反撃してきた。

自然界における〝攻撃〟と〝防御〟は、日常的な光景だ。

〝攻撃〟も〝防御〟もない生態系

現在の地球では、ごく当たり前に見ることができる「弱肉強食の生態系」。

しかし、そんな生態系が「当たり前」ではなかった時代が、かつてあった。

そもそも私たちが暮らしているこの星、「地球」は、今から約46億年前に誕生した。

誕生当初の地球には隕石が降り注ぎ、しばしば表面が「マグマの海」で覆われ、とても生命が生きていける環境ではなかったとみられている。

それでも時間の経過とともに大気がつくられ、海がつくられた。

そして、その海で生命が生まれた。それは、遅くても今から38億年前のことと言われている。

誕生からしばらくの間、生命は小さかった。顕微鏡がなければ、見えないサイズだ。化石で確認できることも稀である。

地球環境は刻々と変化した。

大気には次第に酸素が増えていった。このガスは海中にも溶け込んでいく。

当初、地球の表面は海で覆われていた。時間とともに島ができ、成長し、大陸となっていく。

地球誕生から39億年と少しの時間が経過したころ、生命は突如として大型化した。

姿を確認するときに顕微鏡を必要としない、〝肉眼サイズ〟の生物が出現したのだ。

約6億3500万年前に始まり、約5億4100万年前までつづいたこの時代を「エディアカラ紀」と呼ぶ。

エディアカラ紀の生物は、数センチメートル級、数十センチメートル級のからだをもっていた。すべての生物は、海棲だ。化石記録を見る限り、この時代の地上に動物は本格的な上陸を果たしていない。

ただし、エディアカラ紀の生物の姿は、現在の地球でみることのできる生物と大きく異なっていた。

まず、おそらく動物であることは確かだけれども、その確信を得る証拠に欠ける。そんな生物が多かった。基本的には全身が軟体性だ。身を守るための硬い殻や、身体を支える硬い骨をもっていない。

そして、トゲなどの〝武装〟ももっていない。また、歯もなければ、そもそもからだのどこが頭部で、どこが尾部なのかさえもわからない不思議な姿をしていた。

そんな見た目だから、仮に動物であったとしても、他者を襲うことも、他者に襲われることもほとんどなかったとみられている。おそらく海水中に含まれる微小な有機物や、海底に積もった有機物を食べて生きていたとされる。

攻撃も防御も必要ない生態系。

それが「エディアカラ紀」の生態系だ。

エディアカラ紀の〝平和〟を裏付ける化石も発見されている。

それは、エディアカラ紀の海底でつくられた地層に残る「動物たちの生活の痕跡」だ。

こうした化石は、「生痕化石」と呼ばれている。生物本体の化石（「体化石」という）ではなく、足跡（移動痕）や巣穴、糞の化石などがこれにあたる。

一般に、体化石からは生物の姿を知ることができるが、どのような生活をしていたのかはわからない。一方、生痕化石からは、その痕跡を残した生物の特定は難しいものの、生態などの生物のくらしを知ることができる。

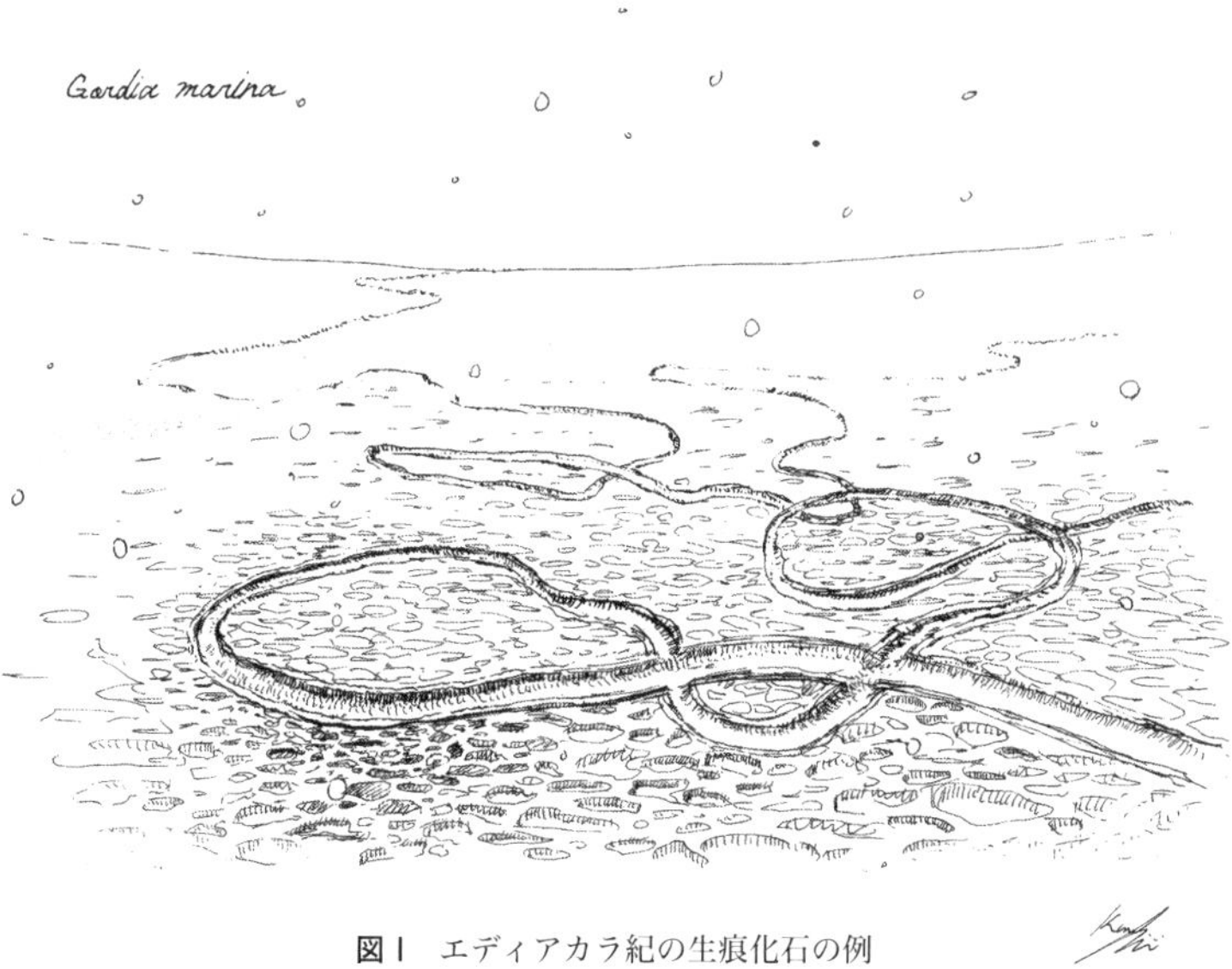

図１　エディアカラ紀の生痕化石の例

生痕化石に詳しい岩手県立博物館の望月貴史は、筆者の取材に対して、「エディアカラ紀の生痕化石には、地下深くまで潜っているものがほとんどみられません」と話した。

エディアカラ紀の海底でつくられた地層には、動物が移動した痕跡（**図１**）や、何かをかき集めた痕跡、からだを固定するためにあけた穴と見られる痕跡がある。しかし、こうした生痕化石は、当時の海底表面に限定されているのだ。海底下にはない。

このことは、当時の生物が「海底下に潜る必要がなかった」ことを示唆している。

現生の海洋動物が海底下に潜る理由の一つは、身を隠すためである。

彼らは天敵から身を隠し、安全に暮ら

すために海底下に潜む。

エディアカラ紀の生痕化石は、こうした〝避難〟が不要だったことを物語っている。すなわち、当時の海洋生態系は、それだけ「安全だった」のかもしれない。

他者を襲うことも、他者から襲われることもない生態系。

エディアカラ紀にあったとされるその世界は、『旧約聖書』に登場するアダムとイブの暮らした楽園になぞらえて「エディアカラの園」と呼ばれている。

ただし、エディアカラの園の世界は、単純に「安全なだけ」というわけではなかったらしい。当時、海底下に潜る（避難する）動物がいないため、海底が硬くなっていた。耕されない畑の土と同じだ。

エディアカラ紀の海底表面は、微生物が密集してできた〝マット〟で覆われていたとみられている。望月は「当時のマットは、寒天をイメージしてもらうと良いでしょう」と話す。

現在の地球からは想像もできないような世界が広がっていたのだ。

そして、生物は潜り始めた

もちろん、永遠に〝寒天のような海底〟だったわけではない。

今から約5億4100万年前、動物たちの生活圏は、海底下にも広がり始めた。

図2　カンブリア紀の生痕化石（トレプティクヌス・ペダム）

エディアカラ紀の終焉だ。

そして、本格的な生存競争が始まった。世界中の海の、さまざまな場所で展開される「攻撃」と「防御」。今日の世界へと続く、弱肉強食の生態系が成立したのだ。

当時の世界は、「トレプティクヌス・ペダム（*Treptichnus pedum*）」という学名（種名）がつけられた生痕化石が物語っている。トレプティクヌス・ペダムは、海底面の直径数ミリメートルの多数の穴であり、個々の穴は海底下数センチメートルでつながる（**図2**）。

なお、学名は一般的には生物につけられる名前だけれども、こうした生痕化石についても、その形状に応じて学名がつけられている。ただし、その生痕化石を残した生物がどのような姿をしていたのかは、ほとんどの場合でわかっていない。そのため、生痕化石と体化石の学名は一致しないことが多い。

もっとも、トレプティクヌス・ペダムはどうやら鰓曳《えらひき》動物が残したことがほぼ特定されている。鰓曳動物は現在の地球にもいる動物で、見た目はミミズのような蠕虫に近い。そんな動物が、現在ではトレプティクヌス・ペダムのような痕跡を残すのだ。

鰓曳動物が海底下を移動し、時折、海底面に顔を出した痕跡。それがトレプティクヌス・ペダムであると考えられている。

ある意味で、生命史上〝初めてつくられた立体的な生痕化石〟の一つといえる。

そして、トレプティクヌス・ペダムを追いかけるように、その他の多様な生痕化石も残され始めた。その中には、螺旋を描くように海底下が掘り込まれたものや、左右相称性のある動物（節足動物など）が海底に残したとみられる歩行の痕跡、そうした動物が一時的に海底下に潜ったとみられる痕跡などがあった。

多様化したのだ。

生痕化石が多様であるということは、それを残した動物も多様であったということにつながる。つまり、どんな動物がいたのか、その姿はわからないけれども、今から約5億4100万年前から多くの動物が海底下に潜るようになったのだ。

カナダのニューファンドランドなどでトレプティクヌス・ペダムが確認されることで始まる時代が、「カンブリア紀」だ。

約5億4100万年以降の地球の歴史は、三つの「代」に大きく区分されている。古い方から、「古生代」「中生代」「新生代」である。このうち、「中生代」がいわゆる「恐竜時代」に相当する。

トレプティクヌス・ペダムの確認で始まる「カンブリア紀」は、三つの「代」のうち、最も古い「古生代」をさらに六つに区分する「紀」の最古に当たる。約5億4100万年前から、約4億8500万年前の5600万年間のことだ。

望月は、エディアカラ紀とカンブリア紀の生痕化石のちがいについて、次のように指摘している。

「海底面から海底下へ。その後、カンブリア紀の生痕化石の多くは、エディアカラ紀の生痕化石よりも複雑なものになっています。カンブリア紀の生痕化石には、何らかの規則性がみられるものも多くあります。規則性があるということから、移動に際してエネルギーが節約できるようになっていた可能性も考えられます」

移動や巣穴の痕跡が海底下へ広がったということは、動物たちが海底下へ〝避難〟する必要が生じた可能性があったことを意味している。

つまり、当時の海で、彼らは何らかの攻撃から隠れる必要が生じたのである。

海底下への生活圏の拡大は、それまでの海底のようすを一変させることになった。

海底を覆っていたマットが破壊され、粉砕され、海水中の酸素とともに海底下の堆積物と混ぜられた。事実上の「耕作」が行われたのである。「カンブリア紀の農耕革命」と呼ばれる事件の発生だ。

農耕革命の影響は、甚大だった。

海底がやわらかくなっただけではない。海底下の堆積物にも酸素や栄養分が供給されることになった。

多くの動物にとって、海底下が利用しやすくなったのだ。

その結果、生態系が拡大し、海底下で暮らす動物が増え、生物界全体の生産性の増加につながっていく。

硬組織が現れ始める……が、しかし

カンブリア紀初頭につくられた地層を調べると、海底下の生痕化石以外にも、奇妙な化石が少しずつ増えていることがわかる。

その化石の大きさは数ミリメートル以下。いわゆる「顕微鏡サイズ」で、形は多様だ（**図3**）。地層を古い方から見ていくと、まずはじめに出現する化石は、チューブのような形状をしていたり、トゲのような形をしたりしている。

その登場から600万年ほどが経過した地層からは、何やら巻貝や二枚貝に近い形状をしたものも増え始める。

こうした化石は、「微小有殻化石群（Small Shelly Fossils：ＳＳＦｓ）」と呼ばれている。ＳＳＦｓには、それぞれの形に応じた種名が与えられている。

ただし、「種」とは言っても、それがどのような生物なのかはよくわかっていないものが多い。小さな軟体動物の殻とみられるものはある。しかし多くの場合、化石（生物の遺骸）であるら、

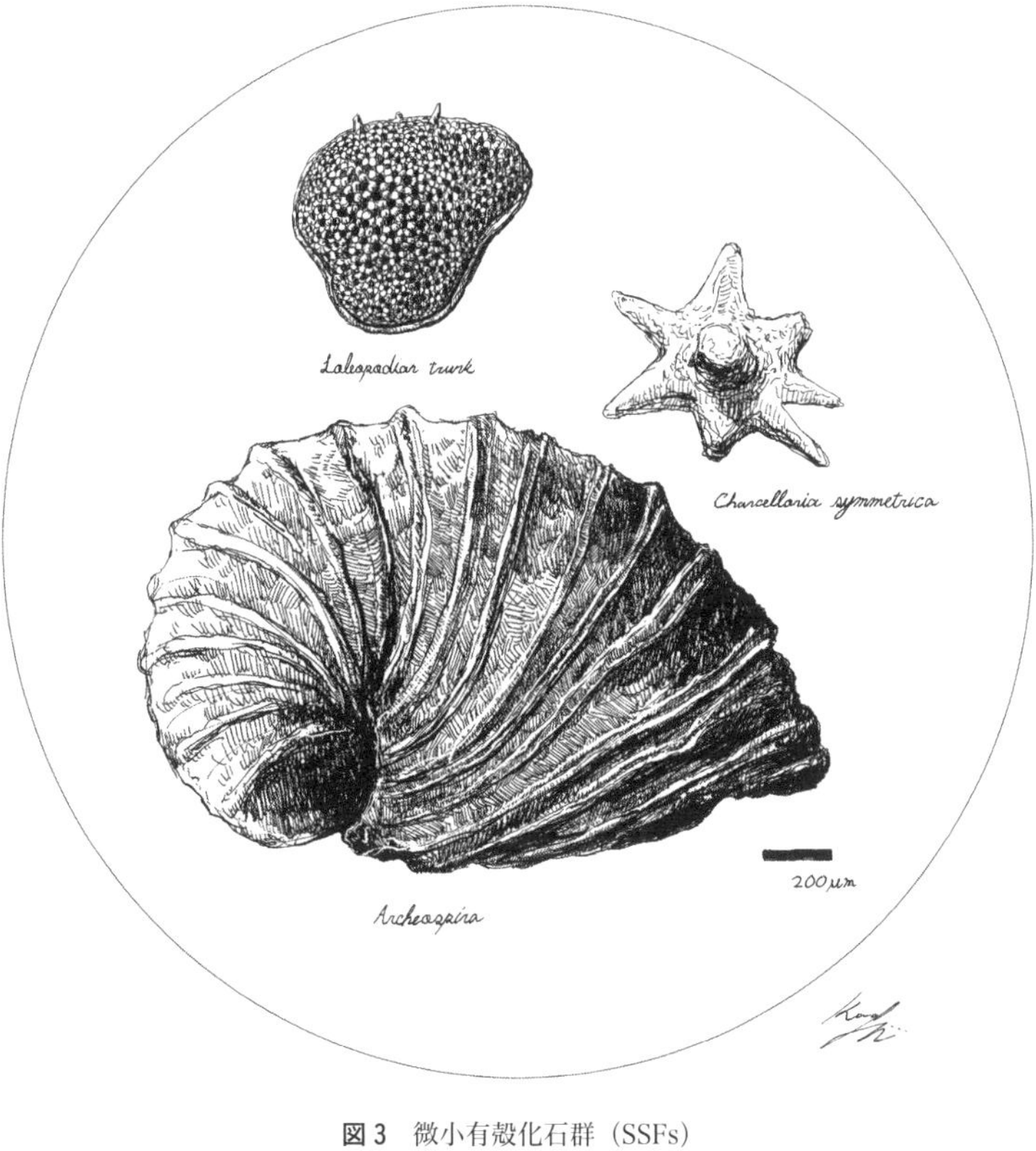

図3　微小有殻化石群（SSFs）

しいことはわかるものの、「何の化石か」はわかっていない。

多くの古生物学者が認めるところによれば、どうやらより大きな生物の〝部品〟であるようだ。……といっても、どのような生物のどのような部位についていたのかはよくわからない。

そんな不思議な化石が、ＳＳＦｓなのである。

ＳＳＦｓの研究を進める東京工業大学の佐藤友彦は、本書に関する筆者の取材に対して、「形状からみて、カイメンが体内にもつ骨片に似ているものや、ヤツメウナギの歯に似ているもの、貝殻のミニチュア版みたいなものなど、いろいろなＳＳＦｓがいます。当時、硬組織を利用して、骨格を作ったり、攻撃したり、防御したりする動物が出現していたと考えられます」と話す。

カンブリア紀に入ると時間の経過とともにＳＳＦｓは段階的に増えていき、２０００万年近く経過したころには、１５０種類（正確には「属」という分類単位）を超える多様性を見せるようになった。

「ＳＳＦｓが増えた要因の一つには、海の成分の変化があるでしょう」と佐藤は指摘する。

この時代、リン酸塩成分が増えたことが地層の分析からわかっている。

リン酸塩は硬組織をつくる〝材料〟の一つだ。ＳＳＦｓの主成分の一つでもある。ＳＳＦｓには、そのほかにも炭酸塩でできたものがよく知られている。

つまり、海洋成分の変化があり、海洋成分からからだをつくる動物たちが硬組織をもつようになった。

ただし、全身が硬組織だったというわけではない。そして、硬組織があってもその用途がわか

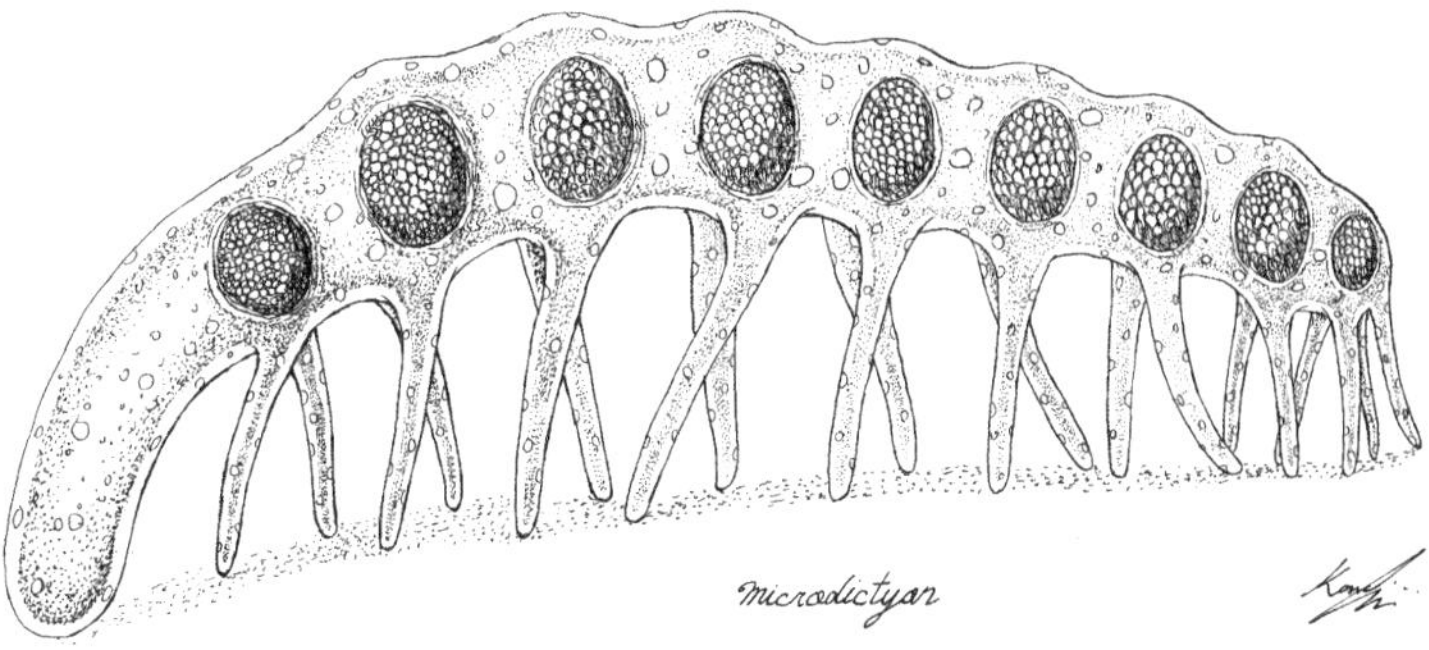

図4　ミクロディクティオン

らず、なぜ、その部位が硬組織化していたのかもわからない。

世界の変化によって、生態系の構成員の姿が変わりつつあった。

そんな現象が、カンブリア紀冒頭の2000万年間で起きていた。

SSFsは、軟体性の動物の〝どこか〟のパーツ。

この見方を支える証拠の一つは、中国に分布する約5億2000万年前の地層から発見されている「ミクロディクティオン（*Microdictyon*）」という動物の化石だ。

この動物は、大きなものでは8センチメートル近い長さがあり、チューブ状の細長いからだに10対の細いあしをもっていた。全身は軟体性であるものの、それぞれのあしのつけ根に、まるで「肩当て」のように板状の硬組織があったのだ（**図4**）。

そして、SSFsの中には、この〝肩当て〟とそっくりな形をしているものが存在する。「ミクロディクティオンは、ＳＳＦｓの〝持ち主〟がわかった珍しい例です」と佐藤は話す。肩当て状の硬組織は、おそらく防御のために身につけていたと考えられている。

いずれにしろ、生痕化石と同様にＳＳＦｓもまた、動物が多様化し、生態系が複雑化していった重要な証拠といえるだろう。

外骨格の出現

カンブリア紀が始まって２０００万年ほどが経過し、約5億２０００万年前になると、明確に「動物」とわかる姿をした化石が地層中に残されるようになった。

それは突然で、しかも多様性に富んでいた。

この突然の変化は、かつて「カンブリア爆発」と呼ばれていた現象だ。

生態系が、また大きく変化したのだ。

このとき確認される典型的な動物は、節足動物の仲間たちだ。

からだが節構造に分かれ、左右相称のからだをもち、種によってはトゲなどで武装し、自らのあしで移動する。現生動物でいうところの、カブトムシやトンボなどの昆虫類、エビやカニなどの甲殻類などは、この節足動物を構成するグループである。

そして、カンブリア紀の節足動物を代表するグループといえば、「三葉虫類」である。炭酸カルシウム製の硬い殻をもつこのグループは、化石としてよく残る。サイズは、全長数センチメートルから数十センチメートルほどで、トゲを発達させたものも少なくない。

三葉虫類は、その総数1万種以上とされる大規模な分類群だ。約5億2000万年前以降、古生代末の約2億5200万年前まで約2億7000万年間にわたって子孫を残し続けた。その種の多様性は、カンブリア紀とその次の「紀」である「オルドビス紀」にとくに高かったことがわかっている。

そんな三葉虫類をはじめとして、約5億2000万年前以降になって、多くの動物が「殻」をもつようになった。

こうした硬組織は、もちろん防御に役立ったことだろう。

また、硬組織を〝基盤〟とすることで、筋肉の力強い動きも可能となった。とくに武器のような形状をしていなくても、硬組織は攻撃にも役立ったかもしれない。

約5億2000万年前という数字は、攻撃と防御が積極的に行われ、生存競争が本格化したタイミングとして知られている。

かくして、今日まで続く海洋生態系の〝枠組み〟が、このときに組み上がったのである。

かつて、「生命の爆発的な多様化」を意味していた「カンブリア爆発」は、今日では、「動物の硬組織化の促進」とほぼ同義だ。

それまでも軟組織主体の多様な動物群がいたことは、エディアカラ生物群の化石や生痕化石、SSFsが示している。ただし、軟組織主体の生物だった故に化石に残りにくい。動物の硬組織化に伴う化石記録の増加が、まるで動物が爆発的に多様化したようにみせていたのだ。カンブリア紀が多様化のはじまりではないのである。

そのため、今日では「カンブリア爆発」という言葉はあまり積極的に用いられない傾向にある。もしくは、体化石が残りやすくなるという〝爆発的な進化〟だけを指して、カンブリア爆発と呼ぶこともある。

攻撃・防御に〝地域性〟？

時間順に情報を整理しよう。

約6億3500万年前、エディアカラ紀という時代が始まった。

この時代に、全長数センチメートルから数十センチメートル級の大型動物が出現した。その大型動物は基本的に軟体性で、攻撃の手段も、防御の装備ももっておらず、生態系は海底の表層に限られていた。

そのため、海底は微生物が密集してできたマットに覆われていた。

約5億4100万年前になると、動物たちは海底下に潜り始め、生態系は〝立体的〟になった。このときに残された生痕化石の多様性から、多くの動物種が存在していたことがわかる。動物たちが海底下に潜りこむことで、マットは破壊され、海底がやわらかくなり、栄養に富むようになった。

これを「カンブリア紀の農耕革命」という。

しかし、そうした動物たちがどのような姿をしていたのかはわかっていない。

なお、このときに残された生痕化石の一つであるトレプティクヌス・ペダムの出現をもって、古生代カンブリア紀のはじまりが定義されている。

時を同じくして、微小な硬組織をもった動物も出現した。

この微小な硬組織の化石は「ＳＳＦｓ」と呼ばれる。ＳＳＦｓは〝パーツの化石〟だ。その〝パーツの主〟については、ほとんどわかっていない。

しかし、ＳＳＦｓの中には、防御用とみられる外殻や捕食用の歯と見られるものもある。その多様性は、時間を追うごとに少しずつ増えていく。

約５億２０００万年前のカンブリア紀半ばになると、生態系が再び変化した。硬組織でからだを覆った動物たちが出現するようになったのだ。地層に残る化石は、このときから豊富になっていく。現在へと続く弱肉強食の生態系の〝形〟が出来あがった。

もっとも、生痕化石の記録は、硬組織化が進むよりも２０００万年以上前、カンブリア紀初頭にはすでに、海底下に「逃げる」必要性があったことを物語っている。

逃げる必要性があったということは、そこには何らかの攻撃があった可能性がある。ＳＳＦｓにも、攻撃と防御の存在を示唆するものがある。

体化石だけではわからない生命史が、生痕化石とＳＳＦｓの存在から見えてくる。

カンブリア紀は、その冒頭から生存競争が激化していたのかもしれない。

こうした知見をさらに広げる研究が、２０１８年に名古屋大学博物館の大路樹生たちによって発表されている。この研究では、モンゴルに分布する約5億5000万年前の地層から、海底下に数センチメートル潜り込んだ巣穴化石が報告された。

約5億5000万年前といえば、エディアカラ紀の最中だ。従来の〝定説〟では、〝平和な時代〟であり、まだ海底下に逃げる必要はなかったはずだ。2019年になって、同様の生痕化石が中国南部からも報告された。報告したバージニア工科大学（アメリカ）のシュハイ・シャオたちによると、モンゴルのものと、ほぼ同時代のものであるという。

大路の研究のメンバーでもある望月は、筆者の取材に対して次のように語っている。

「少なくともモンゴルや中国では、約5億5000万年前に海底下に潜る必要があったということです。潜る理由に関してはさまざまな解釈ができますが、喰う・喰われる、攻撃と防御、避難などの始まりは、地球全体で同時多発したものではなく、エリアごとに時間差があった可能性があります。あるいは、当時、動物の行動の変化を促す〝なにか〟が起きていたのかもしれません」

では、〝本格的な弱肉強食〟はどこの生態系で始まったのか？　あるいは、変化を促した〝なにか〟とは何か？　それらはこれからの研究テーマの一つとなるという。

圧倒的弱者だった祖先

生存競争が本格化したカンブリア紀の生態系。

私たち脊椎動物の祖先も、その生態系の一員で、生態ピラミッドに組み込まれていた。

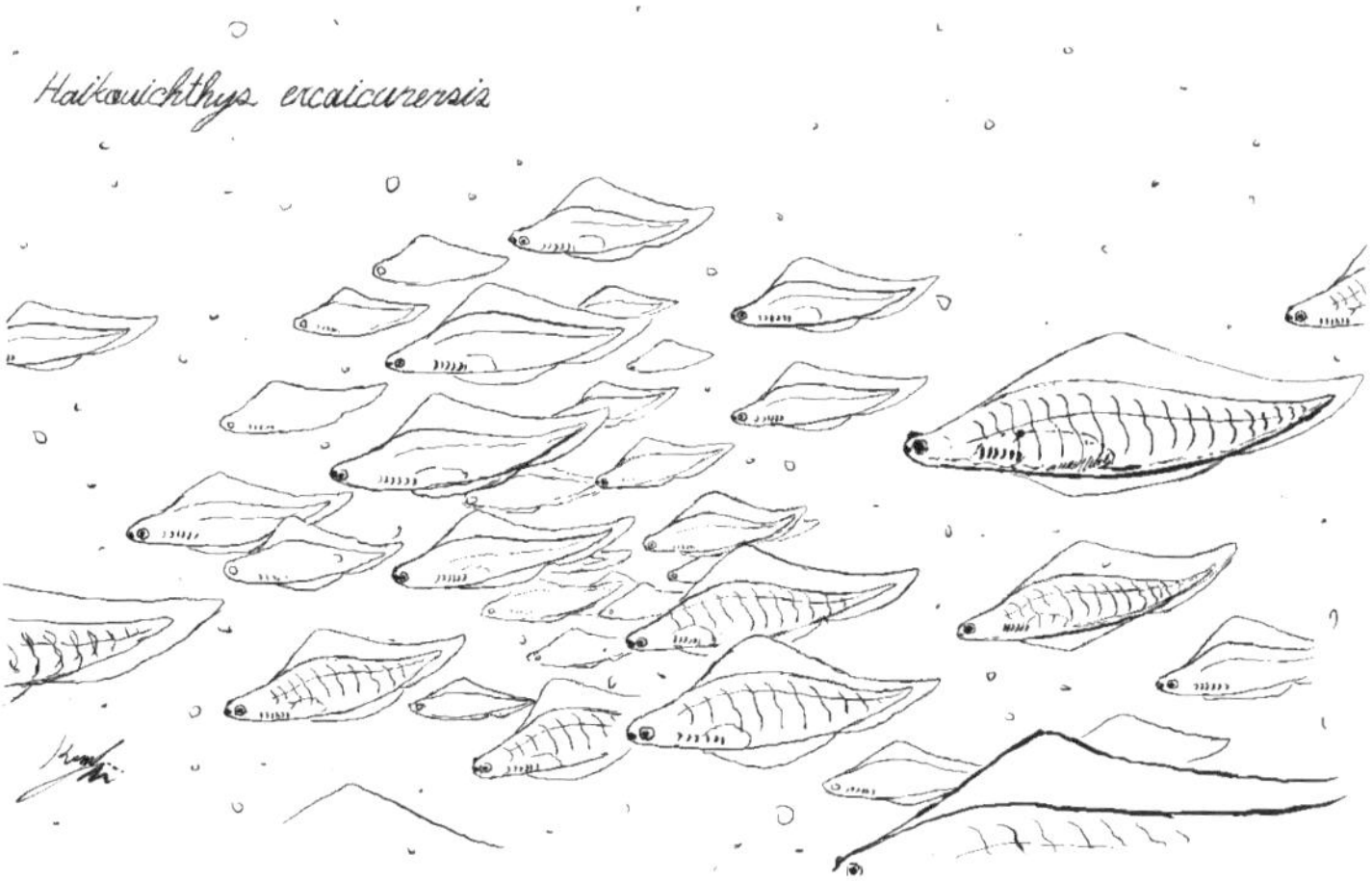

図5　ハイコウイクティス

ただし、現在の生態系にみられるような〝ピラミッドの上位者〟ではなかった。

むしろ、〝ピラミッドの下位者〟として、襲われ、捕食される側だった。

今から約5億2000万年前、知られている限り最も古い脊椎動物、つまり、最も古い魚が出現した。

最古の魚は、2種類。その名前を「ミロクンミンギア（*Myllokunmingia*）」と「ハイコウイクティス（*Haikouichthys*）」という（**図5**）。

ミロクンミンギアもハイコウイクティスも、全長2〜3センチメートル程度の大きさだ。現生のメダカとほぼ同じサイズ。言い換えれば、あなたの手の指の第一関節から指先までの長さとさほど変わりはない。「カンブリア紀」という時代の動物たちは、そのほとんどの種が全長10センチメートル以下という大きさだった。その中でも、ミロクンミンギアやハイコウイクティスはとりわけ小さな部類に入る。

サイズはメダカに似ていても、姿はメダカとはずいぶんとちがっていた。ミロクンミンギアやハイコウイクティスは、メダカと同じように背びれ、エラ、眼、口などをもっている。

しかし、メダカとは異なり、彼らは「顎」をもっていないのだ。

顎がないということは、攻撃力を大きく欠いていたことを意味している。一定以上の硬さのある動物を襲うことができないからだ。同種も襲えなかったかもしれない。

そもそも、積極的に餌に向かっていたのかも不明だ。

こうした魚は、とくに「無顎類」と呼ばれる。無顎類は、現在の地球では、ヤツメウナギやヌタウナギが生き残るのみだ。

しかし、当時の海の脊椎動物は、無顎類しかいなかった。

彼らの〝弱さ〟を示唆する化石がある。

ハイコウイクティスの化石が、わずか直径約2メートルの範囲から100個体以上もまとまって発見されているのだ。そのため、少なくともハイコウイクティスは群れをつくって泳いでいた可能性が指摘されている。

レオ・レオニ作の絵本『スイミー』で描写されているように、群れは弱者がとる〝防御手段〟の一つである。スイミーのように統制された群ではなかったとしても、とりあえず集団として生

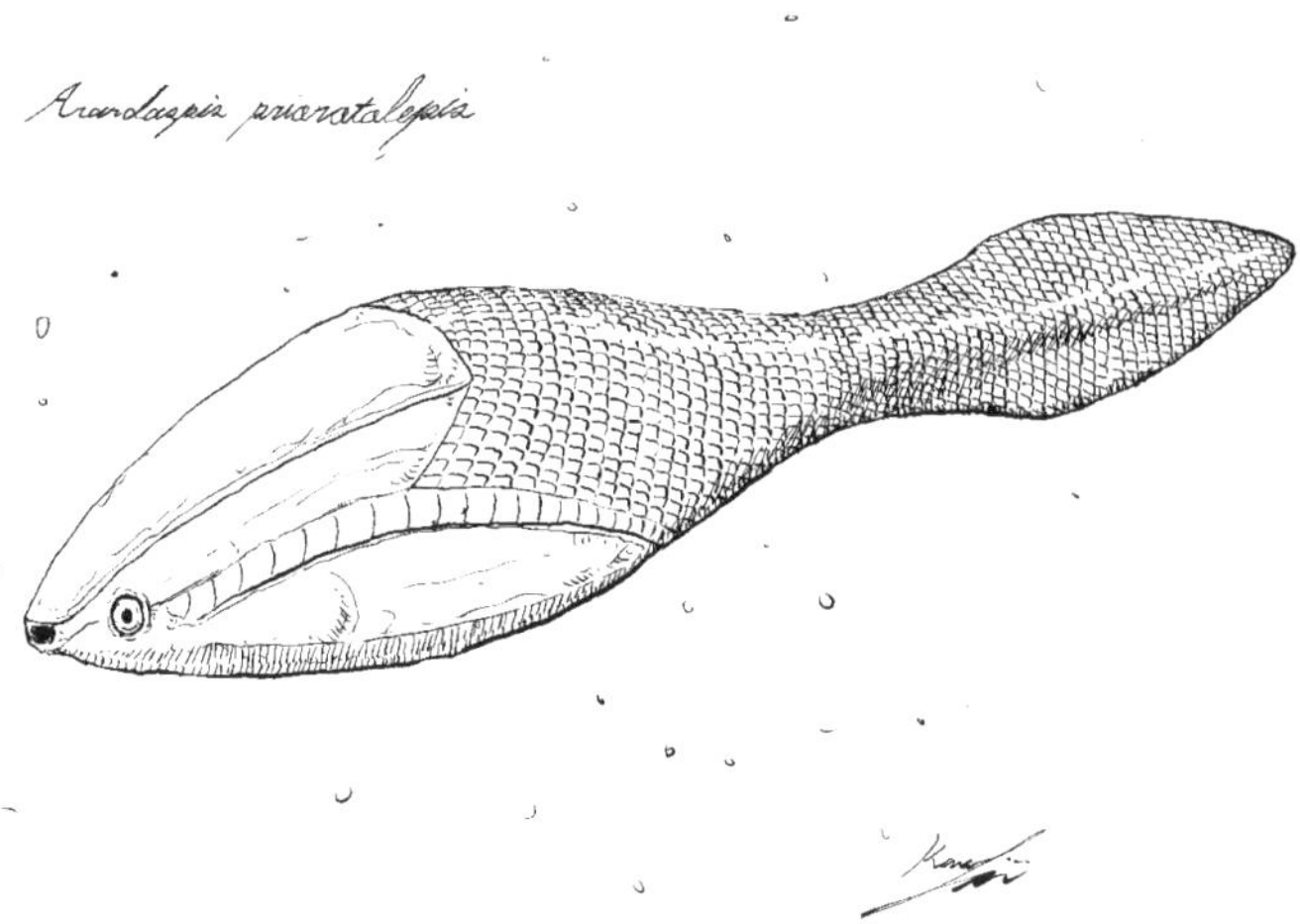

図6　アランダスピス

きるだけで、種としての生存率は上がる。天敵に襲われたときに、少数を犠牲にして、群れ全体を生かすことができるからだ。

脊椎動物の進化の歴史は、こうして生態ピラミッドの下層から始まった。私たちの祖先は、典型的な弱者だったのだ。

鱗をもち、鎧をもつ

弱者としてスタートした私たちの祖先も、武装化の道を歩むことになった。

〝攻撃装備〟と〝防御装備〟。先行したのは、後者だった。

カンブリア紀の次の時代を「オルドビス紀」という。約4億8500万年前にはじまり、約4億4400万年前まで続いた時代だ。

この時代の魚は、〝一歩先へ〟と進んだ。

鱗をもつ種類が出現したのだ。

たとえば、オーストラリアから化石がみつかっている全長20センチメートルほどの「アランダスピス（*Arandaspis*）」は、尾びれ以外のひれをもっていない魚だ（図6）。胸びれ、背びれ、尻びれもない。遊泳性能はけっして高くない。そして、顎もない。その意味では、ミロクンミンギアやハイコウイクティスとは大きなちがいはない。

しかしアランダスピスには、大きな特徴が二つあった。

一つは、後半身を覆う細かな「鱗」だ。むき出しの肌だったカンブリア紀の魚たちと比べると、明らかに防御性能が向上していた。

もう一つは、前半身を覆う骨の板である。背面と腹面がそれぞれ別の骨の板でつくられており、側面でその板はくっついていた。これもまた、防御力の向上に役立ったことだろう。

つまり、あまり動かさない前半身はがっしりとした骨の鎧で覆い、遊泳するために動かす必要のある後半身は細かな鱗にすることで一定の柔軟性を維持し、そして防御力を確保していたことになる。

アランダスピスは、防御性能を高めた初期の魚の代表といえる。

こうした特徴をもつ魚を「甲冑魚」と呼ぶこともある。この単語は、特定の分類群を指したものではなく、あくまでも「〝骨の鎧〟をもつ魚」を指した言葉である。アランダスピス以降、こうした甲冑魚が増えていく。

そして、武器を手に入れた

オルドビス紀の次の時代を「シルル紀」という。約4億4400万年前に始まり、約4億1900万年前まで続いた時代である。この時代、生態系に変革の〝兆し〟が見えた。それまで防御一辺倒だった脊椎動物（魚）が、決定的な〝武器〟を手にしたのだ。「顎」である。

顎の獲得によって、同種を含むさまざまな動物を捕食することが可能になった。その効果が顕著になるのは、シルル紀の次の時代である「デボン紀」になってからだ。デボン紀は、約4億1900万年前にはじまり、約3億5900万年前まで続いた。

顎という武器を得た魚の繁栄が本格化し、生態系が大きく変革した時代である。多くの顎をもつ魚が世界各地の海に登場する中で、当時、最も強力な顎をもっていたとされるのが、「ダンクレオステウス（*Dunkleosteus*）」だ（**図7上**）。

全長8メートルとも10メートルとも言われるこの大きな魚は、甲冑魚の代表種としても知られる。頭胸部を骨の鎧で覆い、その面構えはまさに兜のようである。

シカゴ大学（アメリカ）に所属するフィリップ・S・L・アンダーソンとマーク・W・ウエストニートは、コンピューターモデルを使ってダンクレオステウスの顎の力を分析した研究を2007年に発表している。

この研究によると、その力は口先で4400ニュートン以上、口の奥では5300ニュートン以上に達したという。これらの値は、現生のアリゲーターを超える力があったことを示している。

ヒトの5倍以上となる値でもある。

ダンクレオステウスはその強力な顎を用い、同種さえ狩っていたとされる。発見されている化石の中には、同種によって攻撃された可能性が高いと言われている痕跡がある。

ダンクレオステウスに代表される魚たちは、海洋生態系において下剋上を果たす。デボン紀の魚たちは生態系を駆け上った。

そして、魚を上位者とする生態ピラミッドが確立したのだ。


その後も、魚たちにとって顎の力は、その攻撃力を示す最たるものとなった。

たとえば、デボン紀よりもずっと新しい時代の海には、「メガロドン」の通称をもつ全長15メートル級の巨大ザメがいた（**図7下**。なお、「メガロドン」は通称で、その属名は諸説ある）。ニューサウスウェールズ大学（オーストラリア）のS・ローたちが、2008年に発表した研究によると、メガロドンの噛む力は実に10万8514ニュートンに達したと分析されている。

アンダーソンとマーク・W・ウエストニートが分析したダンクレオステスの例とは研究手法が異なるので単純な比較はできない。しかし、3億年の進化の果てに魚たちのもつ〝武器〟は、およそ20倍にまで強大なものとなったのだ。

もちろん、顎は水棲種だけの武器ではない。

陸上においては、「最強の肉食恐竜」とされる「ティランノサウルス（*Tyrannosaurus*）」の顎の力も凄まじい（**図7中**）。

図7　三種の顎（上から，ダンクレオステウス，ティラノサウルス，メガロドン。縮尺不問）

２０１２年にリバプール大学（イギリス）のＫ・Ｔ・ベイツとＰ・Ｌ・ファーキンガムが発表した研究によれば、その値は平均で３万５０００ニュートン、最大で５万７０００ニュートンに達したとされる。これも単純に比較することはできないが、メガロドンには及ばないにしろ、かなり強力であることがわかるだろう。

なお、陸上脊椎動物にとっては、武器は顎だけではない。

とくに小型の肉食恐竜には、鋭い鉤爪を発達させた種がいくつも確認されている。その中には、植物食恐竜の首筋に、その鉤爪を備えた足を叩き込んだ姿勢のまま化石となったものもある。

また、哺乳類の例としては、「サーベルタイガー」こと、「スミロドン（*Smilodon*）」に関して、主武器はその発達した前脚であるという指摘もある。

武装化は、さまざまな時代の、さまざまな生態系で進んだのだ。

〝甲羅〟という盾

発達したのは、〝攻撃力〟だけではない。

とくに陸上脊椎動物には、〝防御用の武装〟が発達したグループがいくつも出現した。

そうした〝防御重視〟の動物たちの最たるものは、約２億５２００万年に始まった中生代三畳紀に出現した「カメ類」だろう。甲羅をもつ爬虫類の登場だ。

カメ類がどこでどのように出現したのかについては、議論がある。陸で誕生したのか、海で誕生したのか。甲羅は背と腹のどちら側から発達したのか。詳しいことはまだよくわかっていない。

確かなことは、カメの甲羅の起源が、肋骨にあるということだ。私たちにもある胸部を守る骨が発達し、防御性能の高い「甲羅」となった。

今日までに知られているカメ類の歴史で、「背も腹も甲羅で守る〝最初の種〟」は、「プロガノケリス（*Proganochelys*）」である。ドイツの約2億1０００万年前の地層から化石が発見されている。

プロガノケリスは、甲長50センチメートルほど、全長は1メートル近いリクガメだ。私たちの知る現生のゾウガメなどのリクガメ類と比べると、甲羅の丈が低いという特徴がある。がっしりとした四肢をもち、防御用とみられる首や尾にも骨の板がついていた。

現生のカメ類には、ハコガメのように甲羅に手足や頭、尾を収納し、〝完全防御形態〟をとることができるものもいるが、プロガノケリスの甲羅にはそうした機能はなかった。

カメ類だけではない。

カメ類が登場し、甲羅を獲得していった中生代は、恐竜たちが大繁栄した時代でもある。多種多様な恐竜類の中には、カメ類と同様の〝防御装備〟を発達させたものたちがいた。

たとえば、「鎧竜類」である。

鎧竜類は、約1億4５００万年前に始まって約6６００万年前まで続いた、中生代白亜紀に栄えた植物食恐竜のグループだ。短い四肢をもち、からだは横に広く、そして重かった。

ティランノサウルスと同時代・同地域に生きた「アンキロサウルス（*Ankylosaurus*）」に代表さ

図８　アンキロサウルス

れる（図８）。アンキロサウルスは、全長７メートルと、ティラノサウルスの半分近いサイズながらも、推定される体重は６トンとティラノサウルスとほぼ同等だ。

最大の特徴は、背中に並ぶ骨だ。

多数の骨が、背中を守るように配置されており、まさに「鎧」となっている。

２００４年、ボン大学（ドイツ）のトルステン・M・シャイヤーとP・マーティン・ザンダーは、鎧となっている骨を詳しく調べ、その内部では繊維組織がまるで防弾チョッキのように組み合っていたことを明らかにしている。

つまり、この骨は防弾チョッキのように強度があり、弾力もあり、そして、軽量だった。

ちなみに、２０１３年にボン大学のマルティナ・シュタインと岡山理科大学の林昭次たちが発表した研究によると、この骨の鎧は成体になってから発達したものらしい。幼体の背には鎧はなく、成長するにつれ、自分の骨の内部を溶かし、その溶けた骨を材料として骨片をつくっていたとみられている。

一方で、鎧竜類の中には、骨片とともに鋭い棘を発達させたものもいた。

こうした棘は、実は強度がなかったことも指摘されている。彼らの棘は防御用としてみたときに高性能だったわけではなく、ひょっとしたら、「こっちに来たら怪我するぞ」という〝ハッタリ用《威嚇》〟だったのかもしれない。

同じく中生代（約2億5200万年前〜約6600万年前）に大きな進化を遂げたグループとして、ワニの仲間も挙げておこう。ワニの仲間は、防御装備も攻撃装備も、どちらも発達させた。

ワニの仲間は、背中に「鱗板骨」という〝骨の装甲板〟をもつ。長方形に近い形状のその骨が、首の後ろから尾の付け根付近まで並んでいる。

初期のワニの仲間は、これが2列しかなかった。

しかし進化するに連れて、4列、6列と増加していく。列の数の増加は、堅牢さよりも柔軟性に関係していたとみられている。

2列より4列、4列よりも6列の方が、からだを曲げやすい。現生種も6列である。

また、ワニの仲間は、強力な顎をもっていたことでも知られる。

白亜紀に登場した全長10メートル超級の大型のワニは、たいていの肉食恐竜（ティランノサウルス以外）を上回る噛む力を発揮したという指摘があるくらいだ。現生種においても、ワニの噛む力は、百獣の王であるライオンのそれを大きく上回るとされる。

ワニの仲間は、出現当初は内陸地域に生息していた。しかし、約2億100万年前に始まったジュラ紀以降は〝水際の世界〟へ進出し、その生態系に君臨することになる。柔軟性のある〝装甲〟と、大きな〝破壊力〟を備えた彼らは、その後、ほとんどの恐竜たちが滅びた約6600万年前の絶滅事件も乗り越えて、現在に至るまで〝水際の生態系〟の上位者であり続けている。

哺乳類にも、防御装備を発達させたものがいる。

代表的なものとしては、現生種においてはアルマジロの仲間を挙げることができる。化石種においては、アルマジロと祖先を同じくするグリプトドン類がそれだ。

グリプトドン類は、新生代古第三紀始新世（約5600万年前〜約3390万年前）に登場し、そして新生代第四紀更新世（約258万年前〜約1万年前）まで命脈を保ったグループで、南アメリカを中心に栄えた。

グリプトドン類の中でも、「ドエディクルス（*Doedicurus*）」は、2011年に国立科学博物館の冨田幸光たちが著した『新版　絶滅哺乳類図鑑』において「知られているうちではもっとも完ぺきに武装した哺乳類」と評されるほどの〝猛者〟である。

アルゼンチンなどから化石が発見されているドエディクルスは、グリプトドン類の中では最も大きなからだをもち、その全長は4メートルに達し、背中には多数の小さな骨片がモザイク状に並んでできた甲羅を背負っていた。〝骨片の甲羅〟は、尾の付け根も保護しており、加えて尾の先端は棍棒のように膨らんでいて、そこには太い棘が並んでいた。

なお、グリプトドン類が姿を消した約1万年前は、他の大型哺乳類も次々に滅んでいった時期でもある。環境の変化が原因か、あるいは勢力を急速に伸ばしていた人類によるものなのかは、まだよくわかっていない。

人類は、約1万年前にはすでにさまざまな「武器」を開発していたことで知られる。それまで、どの動物ももつことができなかった〝体外の武器〟は、このときすでに人類の繁栄を約束していたのかもしれない。

人類は、個々の能力としては、攻撃力も防御力も、他の動物に及ばない。スミロドンよりも弱者だし、グリプトドン類の防御力を突破するだけの「拳」ももっていない。

しかし、発達した脳と、開発した武器により、世界各地の生態系で人類は急速に力をもつことになった。その結果、今日では自分たちが生態系の最上位であり、あるいは、生態系の部外者であるかのように振る舞うことができるほどになる。

顎という武器の獲得に始まった脊椎動物上位の生態系。

その後、さまざまな動物がさまざまな〝攻撃〟と〝防御〟を獲得し、地域・海域に応じた複雑な生態系を構築してきたのだ。

【コラム】プランクトンを食べる、という選択肢

自然界では、餌資源は有限だ。

限りある獲物をめぐって、多種多様な動物の攻防が日々繰り広げられている。

しかし、有限ではあるけれども、実質的には無限に近い獲物もある。

それが、プランクトンだ。

まだ、顎のある魚が出現していない古生代オルドビス紀（約4億8500万年前〜約4億4400万年前）、無脊椎動物を中心に海洋生物の多様化や個体数の増加が進んでいた。このとき、プランクトンの絶対量も増加したとされる。

そんなプランクトンを〝攻撃《ほしょく》対象〟にしていた動物が、「エーギロカシス（*Aegirocassis*）」だ。

モロッコに分布するオルドビス紀初頭の地層から化石が発見されている。

エーギロカシスの全長は2メートルにおよび、その約半分を甲皮に覆われた頭部が占めていた。からだの両脇に上下2列にひれが並んでいるという珍しい姿の持ち主でもある。

特筆すべきは、その〝攻撃《ほしょく》機能〟だ。

触手（付属肢）である。

頭部に2本だけある付属肢には、まるで櫛のような細かい突起が並んでいた。この櫛状の構造

でプランクトンを獲っていたとみられている。

エーギロカシスが生きていたオルドビス紀初頭において、2メートルという全長はかなり大きい。イェール大学（アメリカ）のピーター・ヴァン・ロイたちは、2015年にエーギロカシスを報告した論文で、豊富なプランクトンが、エーギロカシスのような大型種の誕生を促したのではないか、と指摘している。


プランクトン食といえば、現在の海ではヒゲクジラの仲間だろう。

恐竜類の絶滅から約3000万年が経過した新生代古第三紀漸新世（約3390万年前〜約2300万年前）、大陸移動にともなって海流の流れが変化し、南極周回流が成立した。極域をぐるりとまわるこの海流は、低緯度で温められることがない。そのため、どんどん冷たく、そして、重くなっていく。

その結果、南極大陸のまわりの海域では大規模な下降流が生まれ、その下降流が海底に堆積していた有機物を巻き上げた。この有機物を餌として、プランクトンが大量発生したと考えられている。

このときすでに海洋進出を果たしていたクジラ類の中に、このプランクトンを獲物にするものが現れた。ヒゲクジラ類だ。彼らは、そのヒゲ板でプランクトンを濾し取って食べる。

かつて、エーギロカシスが〝時代の最大級〟だったように、ヒゲクジラ類も大型化した。現生の「シロナガスクジラ（*Balaenoptera musculus*）」は全長30メートルを超えるともされ、生命史上最大級の動物として知られている。

エーギロカシスの櫛状構造、ヒゲクジラ類のヒゲ板。

プランクトン食に適した機能をもつ彼らは、生態系を代表する大型種となったわけだ。

【コラム】無気力、という選択

〝攻撃〟どころか、ほとんど〝攻撃姿勢〟さえもとることがなく、のんべんだらりとしながら、しかし、それでも、餌にありついていた動物がいる。

それは、「腕足動物」という無脊椎動物の仲間だ。

主に古生代（約5億4100万年前～約2億5200万年前）に栄え、現在でも少数の種が生息している（もっとも、「少数」といっても、300種以上確認されている）。二枚貝類と同じように2枚の殻をもつ水棲動物だ。

二枚貝類との大きなちがいは、その殻の内部にある。

二枚貝類の殻の内部には、いわゆる〝身〟が詰まっている。

しかし、腕足動物の殻の中には、〝身〟がほとんどない。かわりに小さな触手が並んでいる。

この小さな触手で微小な有機物を捕え、捕食している。

そんな腕足動物には、その殻の「形」によって独特の〝機能〟を獲得したものたちがいた。海洋生態系の頂点に魚が本格的に君臨しはじめた古生代デボン紀（約4億−900万年前〜約3億5900万年前）の海底に生息していた「パラスピリファー（*Paraspirifer*）」とその仲間たちだ。

パラスピリファーの殻は、その正中線部分がまるで船の竜骨のように突出していた。2009年、新潟大学の椎野勇太たちは、この独特な形状がパラスピリファーのまわりの水流を変化させることをコンピュータシミュレーションによって明らかにしている。

椎野たちの研究によると、パラスピリファーは、その殻口を少し開けるだけで周囲の水の流れを変化させ、自然と殻口から内部へと水が入り込ませることができたという。

そうして殻内に入り込んだ水は、殻の内部で螺旋を描いて流れる。この螺旋にあうように、パラスピリファーの触手もまた螺旋状に配置されている。そのため、触手は効率的に水の中の有機物をとらえることができた。

その後、水は殻口の側面から外へと流れ出ていく。

つまり、パラスピリファーは、海底でわずかに口を開けさえすれば、自らのその形状によって、自然と食事をすることができた。〝攻撃《捕食》〟姿勢らしい姿勢といえば、口を「少し開けるだけ」だ。

椎野はこれを「究極の無気力戦略」と呼んでいる。こんな機能をもつ動物もいたのだ。

第2章　遠隔検知

「周囲を知る」ということ

いわゆる「五感」をすべて挙げることができるだろうか？

まずは、「視覚」である。物体からの反射光を「眼」で受け取ることで感じている。

次に、「嗅覚」である。においの元は、さまざまな化学物質だ。その化学物質を「鼻」で受け取って感じている。

そして「聴覚」。音である。ヒトの場合、空気を揺らす振動を「耳」で受け取って感じている。

四つ目は、「触覚」。「皮膚」にある〝圧力センサー〟の認識による。

最後に「味覚」である。ヒトの場合は、主に「舌」で化学物質を感知している。

こうした五感のうち、「視覚」「嗅覚」「聴覚」は、対象に触れずとも感じることのできる感覚だ。言い換えるならば、それは「遠隔検知」の感覚であり、そして能力でもある。

攻撃にしろ、防御にしろ、何らかの〝遠隔検知能力〟は、動物にとって〝もっていると役立つ能力〟といえる。

この章では、遠隔検知能力の獲得・発達と、そのことによる生態系と生命史への影響について話を進めていくとしたい。

化石に残る神経

生物は、いったいいつから「検知する《感じる》」ようになったのだろうか？

生物はその歴史の初期から、生物は何らかの検知を行なっていたのか？

それとも、各種の〝検知能力〟は、進化に伴って確立したものなのだろうか？

検知には、センサーたる各感覚器官だけではなく、「神経」が必要だ。すべての感覚は、神経によって脳に伝達され、認識される。

では、その神経は、いつ誕生し、そして発達したのか？

弱肉強食の生態系が確立した約5億2000万年前の古生代カンブリア紀半ばには、動物に発達した神経が備わっていたことがわかっている。

化石で神経の存在が確認されているのだ。

その化石は、中国の雲南省、澄江に分布するカンブリア紀の地層から産した全長2・5センチメートルほどの節足動物、「アラルコメナエウス（*Alalcomenaeus*）」のものだ（**図9**）。群馬県立自然史博物館（当時。現・熊本大学）の田中源吾たちによって、2013年に神経系が確認された。

神経が化石に残る？

そう、不思議に思われた読者もいるだろう。

一般に、硬い組織ほど化石として残りやすく、軟らかい組織ほど残りにくい。神経はお世辞にも硬いとはいえず、故に化石記録でその起源を辿るには限界がある。

田中は、保存の良い標本に対して、高解像度の光学顕微鏡観察を行い、さらにマイクロCTスキャン、エネルギー分散型蛍光X線分析などの技術を投入することで、その神経系を解析することに成功したのである。

そもそもアラルコメナエウスは、水棲の節足動物の一つだ。節のある細長いからだをもち、そ

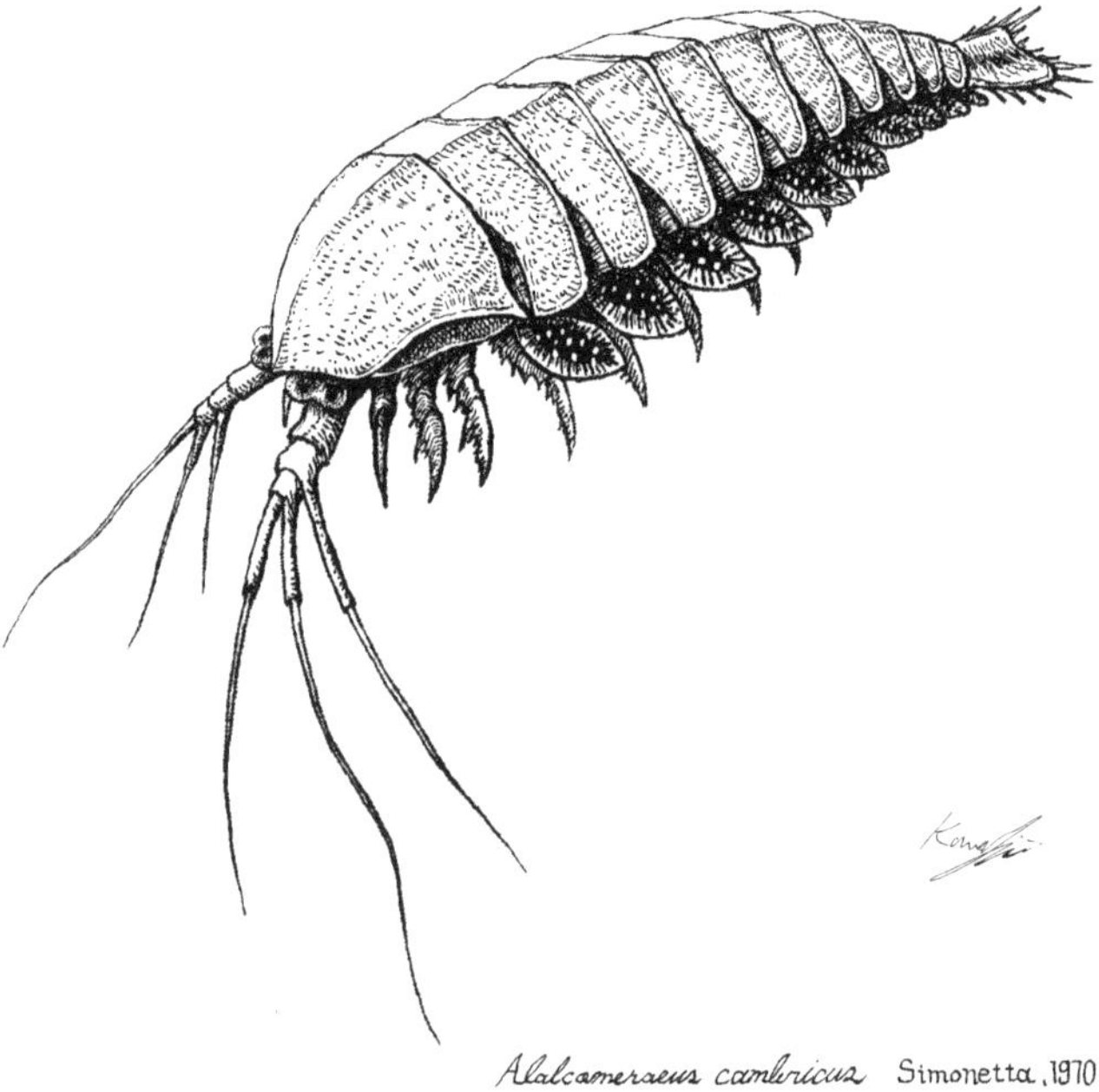

図9　アラルコメナエウス

の下には付属肢が並ぶ。頭部は楯状で、そこにはダンベル型（あるいは「瓢箪型」と形容しても良いかもしれない）の眼が1対2個あった。

田中たちの解析によって、このダンベル型の眼から伸びる視神経系と脳をはじめとする中枢神経系が確認された。そして、その神経系が現生の鋏角類（サソリやカブトガニの仲間）のものに近いことが指摘された。

カンブリア紀の半ばといえば、現生の多くの動物グループに関して、化石記録で〝本格的に〟祖先を追うことができる最古級の時代でもある。そんな古くから、現生動物並みの神経系がすでにあったことが確認されたのだ。

そして、〝進化の原則〟は、「生物は単純なつくりから複雑なつくりへと進化する」だ。

約5億2000万年前になって、突然、現生動物並みの複雑な神経系が誕生したとは考えにくい。約5億2000万年前に複雑な神経系があったということは、さらに古くから動物には神経系が存在していたことが示唆されるのである。

生物の「検知」の歴史は、化石で確認されていないだけで、ずっと古くからあったのかもしれない。

世界を変えた「眼の誕生」

「視覚」「嗅覚」「聴覚」という〝遠隔検知能力〟の中で、その獲得によって、生態系と生命の歴史に決定的な変化をもたらしたとされる感覚が、「視覚」だ。

生物は、その誕生の歴史からずいぶんと長い間、「視覚」をもっていなかった（嗅覚や聴覚については不明である）。

なにしろ、約5億2000万年前よりも前の地層からみつかる化石には、「眼」が確認できない。約5億2000万年前のアラルコメナエウスが、生命の歴史上最古の「眼のある動物」だったのだ。

そして、アラルコメナエウスだけではない。この時期以降につくられた地層からは、眼をもつ動物たちの化石が、多数確認できるようになる。

「眼の誕生こそが、生命史を大きく変えた契機だった」

大英自然史博物館のアンドリュー・パーカーは、著書『眼の誕生』（2006年日本語版刊行。原著は2003年刊行）で、そう提唱している。これを「光スイッチ説」という。

約5億2000万年前といえば、第1章で紹介したミロクンミンギアやハイコウイクティスなどの〝最初の脊椎動物〟が登場した時期である。

正確には、この時期以降にできた地層からは、産出する化石が大きく増える。アラルコメナエウスやミロクンミンギア、ハイコウイクティスだけではない。さまざまな動物群のさまざまな化石が増えはじめた時期が、約5億2000万年前なのだ。

言い換えれば、「化石が残りやすくなるタイミング」でもある。

第1章でみたように、「化石が残りやすくなるタイミング」とは、「化石に残りやすい硬組織をもった動物が増え、その多様性を私たちが確認できるようになったタイミング」だ。

光スイッチ説では、この「硬組織をもった動物種の増加」について、眼の誕生が大きく関わっていたとみる。

眼をもった動物の登場。

眼をもった動物が被捕食者《襲われる側》だった場合、眼のない被捕食者たちよりも圧倒的に有利となる。なぜならば、天敵の接近を視覚で察知できるからだ。いちはやく逃げることが可能だ。

眼をもった動物が捕食者《襲う側》だった場合も、眼のない捕食者よりも有利だ。何しろ、獲物の位置を特定できるのである。眼のある捕食者は、眼のない捕食者を〝出し抜いて〟獲物にありつくことができる。

眼をもつ捕食者に被捕食者が対抗するためには、トゲや殻などが発達した種が有利だ。

そして、そうしたトゲや殻をもつ被捕食者を狩るには、強力な顎をもつ種が有利となる。

眼の誕生をきっかけとして、さまざまな〝有利〟が生まれた。動物たちの進化が〝促されて〟いく。

他者の位置や弱点を正確に探るという点で、眼……つまり、視覚は、他の遠隔感知能力よりも一歩秀でている。そのため、眼の誕生が、生命史を変えるほどのインパクトをもつことになった。

これが、パーカーの光スイッチ説の概要だ。

眼をもつ動物の登場によって、生態系内における生存競争はより〝激化〟することになった。

その〝一環〟として、前章でみたような防御力の向上が発生し、硬組織化も進んだ。

〝最初の覇者〟の視力

眼の誕生が、生態系と生命史に大改革をもたらしたとして、その視力はいかばかりだったのだろう？

彼らは、どのくらいの〝精度〟で、景色を把握できたのか？　色は？　形は？　立体感は？

残念ながら、眼は化石に残りにくい。多くの場合で、眼は軟組織でできている。

そして、「眼の存在」が確認できる古生物でも、多くの場合で、その能力まではよくわかっていない。

しかし、まったくわからないわけではない。いくつかの古生物に関して、その手がかりが発見されている。

その一つが、「アノマロカリス（*Anomalocairs*）」の眼だ（**図10**）。

アノマロカリスは、カンブリア紀の海に生息していた動物である。当時、ほとんどの動物の全長が10センチメートル未満という世界で、数十センチメートル以上の巨体を誇っていた。頭部から前方にのびる1対2本の大きな触手（付属肢）を特徴とする。「ラディオドンタ類」という節足動物よりも〝一歩、原始的なグループ〟に属し、その代表的な存在だ。

そして、「史上最初の覇者」でもある。

カンブリア紀の海で生命の歴史上初めて弱肉強食の生態系が成立したとき、圧

図 10　アノマロカリス

倒的な巨体と、大きな付属肢を〝武器〟として、そのピラミッドの最上位に君臨していたとみられている。

そんなアノマロカリスの眼とされる化石が、オーストラリアに分布するカンブリア紀の地層から発見された。ニューイングランド大学のジョン・R・パターソンたちによって、その研究結果が、2011年に報告されている。

その化石は長さ2〜3センチメートル、幅1センチメートルほどの大きさで、直径110マイクロメートル以下の小さなレンズがびっしりと並んだ複眼だった。レンズの数は、実に1万6000個以上。

複眼の能力は、レンズの数に依存する。デジタルカメラの解像度のようなものだ。レンズの数が多ければ多いほど、解像度が高くなる。解像度が高いほど、対象の細部をしっかりと認識できるほか、高速で移動する物体も捉えやすくなる。
1万6000個以上という数は、現生の複眼のレンズ数をもつ動物たちと比較しても突出して多い。現生動物の複眼は、飛翔性の昆虫類で多くなる傾向がある。飛翔性昆虫は、非飛翔性の昆虫よりも速く動くため、より良い眼が必要だからだ。

ただし、それでも数千個というレンズ数が一般的である。

例外的にレンズ数の多い眼をもつ昆虫類が、トンボである。その数は、2万個以上。昆虫類において、トンボは自身も高速で飛行し、獲物も飛行しているものを捉えるという狩人である。

アノマロカリスもトンボに準じる生態だったのかもしれない。生態系の強者は、強者に足る能力をもっていたというわけだ。

なお、パターソンは2020年にもアノマロカリスの眼に関する論文を発表した。この論文によって、複数種が報告されているアノマロカリスは、種によって異なるタイプの複眼をもっていたことが指摘されている。生態系の中で、どのように生きるかによって、複眼の形も、レンズの数もちがっていた。

多様な眼をもつアノマロカリスの仲間たちは、生態系の中で、多様な地位を得ていたとみられるという。

カンブリア紀における動物の眼の能力を間接的に推理する手がかりも指摘されている。いくつかの古生物に、構造色があったことが指摘されているのだ。

もとより古生物の色はわからないことが多い。色素は極めて化石に残りにくいからだ。

しかし、構造色は色素によらない色である。物体の表面にある微細な凹凸でつくられるからだ。この構造は、CDやDVDの裏面と同じだ。CDやDVDの裏面は虹色に輝く。この輝きは、塗料によるものではない。CDやDVDの裏面にある極めて微細な凹凸が光を〝反射〟させる。同じつくりは、タマムシなどにも見ることができる。

これが、虹色をつくっている。

複数の種が構造色をもっていたということは、その色を認識する相手がいたことになる。同種間の何らかの連絡手段だったのか、それとも、天敵への威嚇だったのかは謎だけれども、カンブリア紀の世界にすでに〝色の概念〟があったことは確かといえるだろう。

当時の生態系は、動物たちにとって、すでに彩り鮮やかなものだったのだ。

〝史上最強の覇者〟の嗅覚

古生物の嗅覚を知るためには、どうすれば良いのだろう？

現代日本を生きる私たちの身近な動物で、「優れた嗅覚をもつ動物」といえば、多くの人々がイヌ（*Canis lupus familiaris*）を挙げるだろう。

イヌはクンクンと臭いを嗅ぎ、おそらく何かの情報を得て、そして、判断している（ように見える）。

イヌの嗅覚が優れていることは複合的な要因によるものだ。

そうした要因の一つは、臭いを感知するための細胞の多さである。「嗅細胞」と呼ばれるその細胞は、ヒトの場合で約500万個であることに対し、イヌのそれは約2億2000万個であるという。圧倒的だ。

こうした細胞は（も）、軟組織中の軟組織だ。化石でみつかることはほとんどない。したがって、嗅細胞の数を基準に古生物の嗅覚を探ることは難しい。

一方で、イヌの優れた嗅覚は、その脳構造にも支えられている。脳には、〝臭いの情報〟を分析するための「嗅球」という部位がある。イヌの場合、この「嗅球」が大きい。

古生物に話を戻そう。

細胞も、もちろん脳も軟組織であり、（例外的に保存の良い標本をのぞいて）基本的には化石に残らない。

ただし、脊椎動物においては、脳自体は残っていなくても、脳を収納している「脳函」と呼ばれる骨のケースが化石に残ることがある。

脳函を調べれば、その形状から脳の各部位の大きさをある程度の推測をすることが可能だ。

もっとも、脳函は頭蓋骨の一部で、その奥に位置している。頭蓋骨を破壊しなければ、脳函を見ることができない……というハードルがかつては存在した。

分類にも重要で、かつ貴重な標本を破壊する研究方法は、果たして〝割にあう〟結果を得ることができるのか。

このハードルがあったため、古生物の脳構造の解析は、あまり行われてこなかった。

しかし、古生物学の研究にも、近年、ＣＴスキャナーの導入が進んでいる。ＣＴスキャナーは、医療現場などでヒトの体内を調べることに使われる。ＣＴスキャナーによる分析を行えば、頭蓋骨を破壊せずとも脳函を調べることが可能だ。

その研究例の一つは、カルガリー大学（カナダ）のダーラ・Ｋ・ゼレニツキィや北海道大学の小林快次たちによって２００９年に発表されたものだ。ゼレニツキィたちは、ＣＴスキャナーを用いて、さまざまな恐竜の頭蓋骨を分析したのである。

この研究では、「暴君竜」として知られる「ティランノサウルス（*Tyrannosaurus*）」とその近縁の仲間たち、また、一部の小型肉食恐竜たちが、分析の対象となった。

ティランノサウルス（**図11**）は、長さ１・５メートル以上、幅60センチメートル以上の大きな頭部をもつ。この頭部が繰り出す顎の力は、古今の陸上動物で最強とされている。

ゼレニツキィたちによって、そんなティランノサウルスの嗅球は、その体重の割に著しく大きいことが指摘された。この嗅球のサイズが示唆する優れた嗅覚は、彼らが優れた狩人だったことを物語る、と指摘されている。

嗅覚の優れている点は、視覚に頼らない場所……遠方や物陰の情報もキャッチできる点にある。例えば、ティランノサウルスの生息していた場所は、鬱蒼とした森林だったとされている。さぞや見通しが効かなかったにちがいない。そんな場所では、視覚よりも嗅覚の方が威力を発揮したことだろう。

あなたは、映画『ジュラシック・パーク』を観たことがあるだろうか？

図11 ティラノサウルス

1993年に公開された同作では、ティラノサウルスが目前（文字通り、目と鼻の先）にせまっていても、「動かなければ」感知されないという場面がある。

しかし、どうやらその描写は間違いで、彼らは嗅覚によって、獲物を察知することができたとみられている。……映画の場面では、逃げる以外の方法はないことになってしまうが……。

ティラノサウルスの仲間には、1億年を大きく超える歴史がある。白亜紀の半ばにあたる約9000万年前のウズベキスタンに生息していた「ティムルレンギア（*Timurlengia*）」もその歴史の中で登場した。

ティムルレンギアの全長はティラノサウルスの4分の1に満たない3メートルほどだ。恐竜の世界では「小型」と呼ばれるサイズで、ティラノサウルスのような生態系の覇者ではない。

ティムルレンギアの化石は部分的なものしか発見されていないが、幸いにも脳函が残っていた。エディンバラ大学（イギリス）のステファン・L・ブルサッテたちは、その脳函を分析し、ティムルレンギアの感覚が鋭敏だった……とくに聴覚が優れていたことを２０１６年に指摘している。ティラノサウルスの仲間が、大型化し、生態系の上位者となっていくその成功への道程は、早くから発達した感覚に支えられていた可能性があるという。

実際のところ、脳構造が推測できるほど、保存の良い化石は豊富ではない。個々の種はともかくとして、特定のグループや恐竜類全体で、五感の発達が生態系の変化にどのような影響を与えていたのかは定かではない。

しかし、覇者の仲間が、覇者の仲間にふさわしい感覚を備えていたことは、興味深い点だ。今後の研究の進展に期待したいところである。

〝陸を歩くクジラ〟の聴覚

〝遠隔検知能力〟の中で、「視覚」に関しては、生命の進化に大きく関与した例と、〝最初の弱肉強食型の生態系〟に君臨した〝最初の覇者〟の例を、「嗅覚」は史上最強の肉食動物の例をそれぞれ紹介した。

残りの一つ、「聴覚」に関して紹介すべきは、クジラ類の例だろう。

現生のクジラ類は、その一生を水中で過ごす水棲の動物だ。

しかし、彼らは私たちヒトと同じ哺乳類である。

もともとは私たちと同じように陸上で暮らしていた祖先が、進化によって水棲適応したのである。

クジラ類の歴史を遡っていくと、約4900万年前（新生代古第三紀始新世）にいた頭胴長1メートルほどの陸上哺乳類に到達する。

頭胴長1メートルといえば、筆者の家でともに暮らしているラブラドール・レトリバーとほぼ同サイズである。ただし、その姿はラブラドール・レトリバーとは異なる。とくに頭部は前後に長い。パキケトゥスの復元画を初めて見た人はオオカミを連想するかもしれないが、実際のところ、オオカミの頭部とも決定的なちがいがいくつかある。

その一つが、眼の位置だ。この動物の眼は、ずいぶんと高い場所に位置しているのである。「高い」といっても、「額に近い」わけではなく、「鼻梁に近い」のだ。

この哺乳類の名前を「パキケトゥス（*Pakicetus*）」という。この名前は「パキスタンのクジラ」を意味している（**図12**）。もちろん、化石の産地はパキスタンだ。

パキケトゥスにはしっかりとした四肢がある。ちょっと風変わりな顔つきをしていることもあり、クジラ類とは似ても似つかない。

しかしこの動物がクジラ類の祖先とされることには、もちろん理由がある。

それが「耳」だ。

耳のつくりが、クジラ類と同じなのである。

図 12　大地の振動を感じるパキケトゥス

私たち陸棲の動物の耳は、空気を伝わる音を聴くことに適応している。日常生活をおくっていて、音を聴けば、どの方向から、どのくらいの距離を伝わってきたものか、およその推測がつくのがその証拠だ。

しかし、水中ではこの能力は十全に発揮されない。プールなどで水中に潜った時に音を聴いたことがあれば、その時のことを思い出して欲しい。なんとも不思議な感覚だったはずだ。

一方、水棲動物であるクジラ類の耳は、水中で音を聴くことに向いた〝仕様〟になっている。私たち陸棲動物とは決定的にちがうのだ。

そしてパキケトゥスの耳は、まさにこのつくりになっていた。つまり、見た目はどんなに陸棲向きであっても、耳は〝水中仕様〟になっていたのである。

もっとも、パキケトゥスは半水半陸の生活をおくっていたと指摘されている。浅い小川やその周辺を生活域としていたのかもしれない。

〝水中仕様の耳〟は、水中でこそその能力を発揮するものだ。

〝水中仕様の耳〟は、さぞや陸上生活に不便と思われるかもしれない。しかし、このタイプの耳は大地の振動を骨伝導でも感じることでキャッチできる。まるっきり陸上で役立たないわけではないのだ。

いずれにしろ、この〝水中仕様の耳〟を獲得したクジラ類の祖先は、その後、見事に水棲適応を果たし、新たな生態系へ進出し、自分たちを加えた生態系の構築に成功する。

そして、現在では90種を擁する一大グループへと多様化していくのだ。


巨大恐竜は、圧力センサーを使い……


自然界をみれば、ヒトにはほとんどない感覚に長ける動物も存在する。水圧の変化を感じたり、超音波レーダーや電気感覚を備えていたり……。

古生物にも、こうした「五感以外の感覚」を備えていたとみられるものがいる。そうした感覚を調べることで、研究者たちは古生物の生態を推測したり、進化の過程を論じたりする。

白亜紀の半ばのアフリカ北部に、全長15メートルの巨大な肉食恐竜がいた。名前を「スピノサウルス（*Spinosaurus*）」という（**図13**）。

15メートルという値は、「ティランノサウルス（*Tyrannosaurus*）」を上回る大きさだ。スピノサウルスは、2001年に公開された『ジュラシック・パーク3』や、2006年の『ドラえもん のび太の恐竜2006』などに登場したことでも知られている。

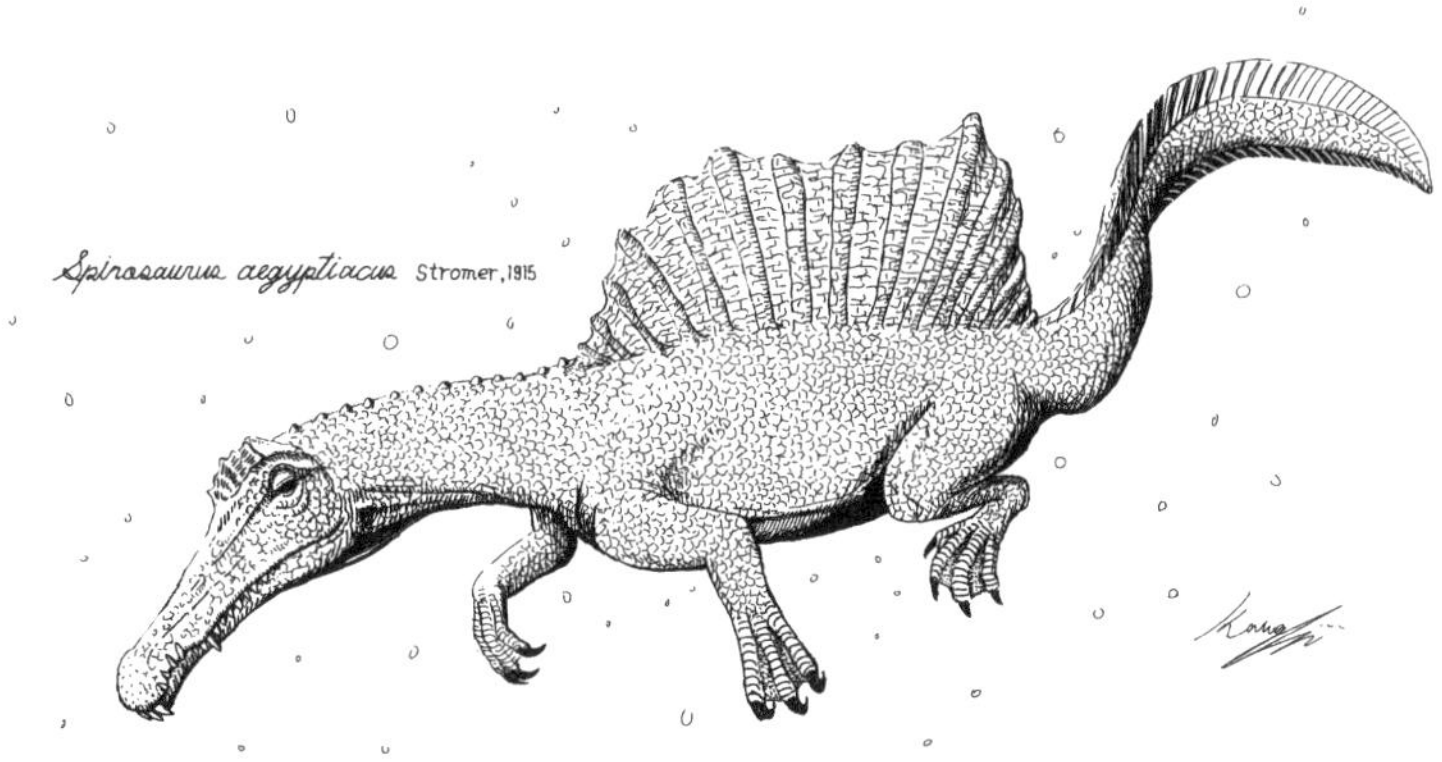

図 13　スピノサウルス

ただし、こうした映画で知られたスピノサウルスの姿は、２０１４年以降に発表された２つの研究で大幅に更新された。

そもそも、スピノサウルスの命名に使われた〝最初の化石〟は、ドイツ人古生物学者のエルンスト・シュトローマーによって、１９１５年に報告された。このとき、背骨の一部が垂直に平たく伸び、その平たい部分が連なって〝帆〟をつくっていたことが示された。

しかし、この〝最初の化石〟は、第二次世界大戦で空襲を受け、灰塵と化してしまった。

その後、部分化石が相次いで発見されたものの、この〝最初の化石〟を上回る保存率の高い標本は報告されていない。

全身像がわかる追加の化石は報告されていないものの、それでも重要な部分化石や、近縁種の良質な化石は、いくつか発見されている。

これらの化石をもとに、２０１４年にシカゴ大学

（アメリカ）のニザール・イブラヒムたちはコンピューターによる新復元を発表した。その復元は、２０２０年に再びイブラヒムたちによって更新されている。

イブラヒムたちの一連の研究で指摘されたスピノサウルスの姿は、四肢の長さはほぼ等しく短く、そして尾は高さがあるというものだった。生態はほぼ水棲で、尾を使って泳ぎ、魚を主食としていたと指摘された。

ただし、この「ほぼ水棲」とする見方には反論もある。**図13**の復元画は、そうした研究を参考に描かれたものである。

２０１８年には、ロイヤルティレル古生物学博物館（カナダ）のドナルド・M・ヘンダーソンがスピノサウルスの重心の位置と浮力を計算し、泳ぎが苦手だったことを指摘した。

また、２０２１年には、クイーン・メリー・ロンドン大学（イギリス）のディヴィッド・W・E・ホーンと、メリーランド大学（アメリカ）のトーマス・R・ホルツ・Jr．が、スピノサウルスのからだのつくりや棲息環境などを再検討し、スピノサウルスは、泳ぎがさほど上手ではなかったことを指摘している。

議論が続く、謎の多い恐竜である。

もっとも、「魚を主食」としていた点に関しては、研究者間でほぼコンセンサスがとられている。なにしろ、歯の形状、近縁種の胃の内容物など、証拠は〝揃っている〟。

そんな〝魚食性恐竜〟は、「遠隔検知能力」という視点でも注目に値する。

スピノサウルスの細長い吻部には、〝圧力センサー〟があった可能性が指摘されているのだ。

そもそもスピノサウルスの吻部は、その形状や歯などが、どことなく現生のワニ類のそれと似ている。

一方で、ワニ類の吻部とスピノサウルスの吻部の大きな違いとして、鼻孔の位置を挙げることができる。ワニの鼻孔が吻部の先端にあることに対し、スピノサウルスの鼻孔は吻部先端ではなく、眼窩に近い位置にあるのだ。

そのため、スピノサウルスは、少なくとも吻部の先端を水中に沈めていたと解釈されている。鼻孔が眼窩に近いので、吻部の先端を水中に沈めたままでも、呼吸ができるのだ。

圧力センサーは、この吻部の先端にあったらしい。

スピノサウルスの吻部の標本は、2005年にミラノ市立自然史博物館（イタリア）のクリスティアーノ・ダル・サッソたちによって報告された。

このとき、吻部の先端に多数の小さな穴があることが確認された。

その後、2009年にダル・サッソたちによって吻部の標本についてCTスキャナーを使った観察がなされ、その穴が吻部の奥深くまでつながっていること、それが現生のワニ類のもつ圧力センサーと類似することが指摘された。

ワニ類は吻部の先端を水面下に浸すことで、泳ぐ魚を探知する。スピノサウルスも同じことができたというわけだ。

頭骨の形状だけではなく、その内部構造も、スピノサウルスはワニ類と似ていたのである。

圧力センサーによって獲物を検知できるのであれば、夜であろうと、濁った水中であろうと問題ない。スピノサウルスにとって、この能力は大いに役立ったことだろう。

水中生態系でも、水辺生態系でも、この能力が便利だったことにはちがいない。水中、あるいは、水辺で生きることで、スピノサウルスは内陸に暮らす大型の肉食恐竜との棲み分けに成功していたのかもしれない。

ハクジラ類はソナーを使い……

水中は、空気中とは異なる検知能力が必要となる世界だ。

私たちのように陸上で暮らす動物は、周囲の様子を探る際に、大なり小なり視覚に頼る。昼行性ならばなおさらだ。障害物さえなければ遠くまで見渡すことが可能だし、視界に捉えるだけでその位置のみならず、姿や対象物の行動も知ることができる。

視覚はとくに鳥類に発達する傾向にある。

一例を挙げよう。筆者の通っていた大学は、山の中にキャンパスがあり、売店付近や講義棟などには「トンビに注意」の貼紙があった。

タカ類に属するトンビ（「トビ」とも。学名は *Milvus migrans*）が、キャンパス上空を旋回しており、野外で食事をしようものなら、あっという間に襲来し、食べ物を持っていってしまう。毎年春になると多くの新入生がその被害にあったものだし、筆者自身も売店で購入したパンを持ち去られたことがある。

地上のヒトが点にしか見えないような高度から、ヒトが手に持つ物体が食料であることをトンビは正確に見分けているのである。とんでもない視力だ。

こうした視覚による検知能力は、水中では著しく低下する。なにしろ水中は空気中ほど見通しがきかない。そもそも光でさえ、ごく表層にしか届かない。少し潜るだけでそこは漆黒の世界となる。

そんな水中世界において、さまざまな動物がさまざまな遠隔検知能力を獲得してきた。スピノサウルスの圧力センサーは、そうした能力の一つといえる。

そして、ハクジラ類のもつ「ソナー」も水中世界における遠隔検知能力の一つである。ハクジラ類は、マッコウクジラ（*Physeter macrocephalus*）や、ハンドウイルカ（*Tursiops truncatus*）などの仲間たちだ。

ハクジラ類のソナーは、とくに「エコーロケーション」と呼ばれている。ハクジラ類に限らず、現生のクジラ類は頭頂部に鼻孔（噴気孔）がある。ハクジラ類の場合、その鼻孔近くに「発音唇」と呼ばれる器官があり、ここで高周波の音がつくられる。そして、発音唇でつくられた高周波音は、その前方にある脂肪の塊で集約され、放たれる。この脂肪の塊を「メロン」という。

メロンから放たれた高周波音は、水中で広がりながら進んでいき、物体に反射して戻ってくる。戻ってきた高周波音は、ハクジラ類の下顎にある脂肪組織を経由して耳に届けられる。

エコーロケーションによって、ハクジラ類は物体までの距離や方位のほか、その物体の大きさや形、構造、動きなどを知ることができるらしい。『イルカ・クジラ学』によると、訓練されたハンドウイルカは、エコーロケーションを使うことで、１００メートル以上先の直径７・６センチメートルの金属球をかなりの精度で探知できるという。

ただし、クジラ類全体の歴史を振り返ってみると、最初からエコーロケーションができたわけではなさそうだ。

そもそもクジラ類の祖先は、約４９００万年前の新生代古第三紀始新世の初頭までは主に陸上で暮らしていて、その後、海洋進出を果たしたと考えられている。

そして、遅くても始新世末の約３４００万年前までには、ハクジラ類……とくにイルカの仲間とよく似た姿でよく似たサイズの海棲種、「ドルドン（*Dorudon*）」が登場していた（**図14上**）。

ただし、ハクジラ類と似ている姿であっても、ドルドンはエコーロケーションはできなかったと考えられている。

メロンをもっていた痕跡がないのだ。

メロンそのものは脂肪の塊なので、化石に残りにくい。実際、発見されていない。

「発見されていないからといって、存在しないとはいえない」は、古生物学における〝お約束〟の一つだ。そこで、手に入る情報から、発見されていない部位を推測することになる。

メロンをもつ現生のハクジラ類を見ると、頭骨の前面が大きく後退し、〝明瞭な額〟がある。現生種では、この明瞭な額の前にメロンがある。

一方、ドルドンの頭骨には、後退部分も〝明瞭な額〟もない。メロンの配置に必要なスペースがないのだ。

では、ハクジラ類は、いつから「メロンのスペース」をもつようになったのか？

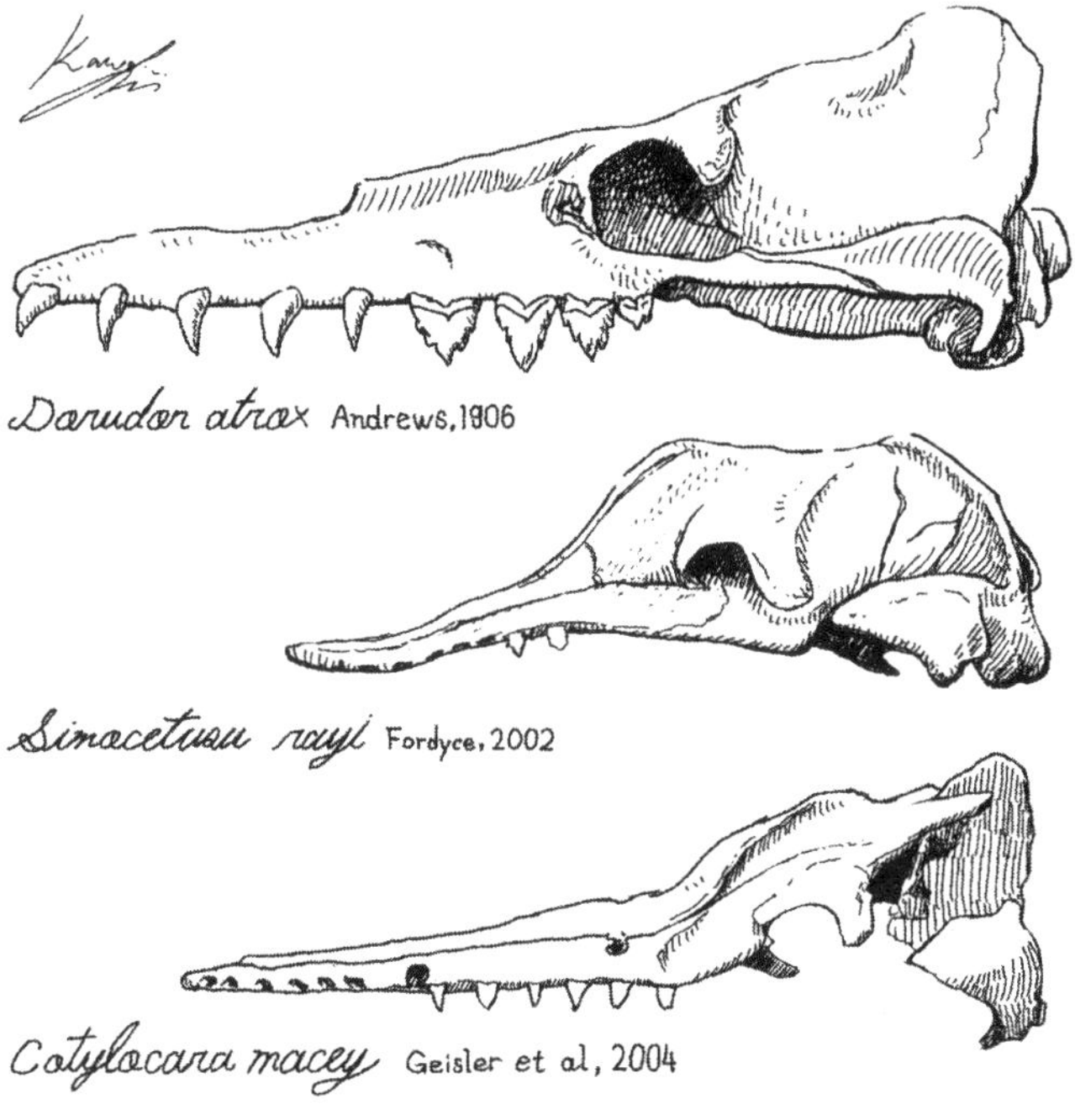

図 14　ハクジラ類の頭骨。上から、ドルドン、シモケタス、コティロカラ。詳細は本文にて（Fahlke（2012），Fordyce（2002），Geisler et al.（2014）を参考に作成）

アメリカに分布する約3200万年前（古第三紀漸新世の初頭）の地層から化石が発見された全長3メートルほどの「シモケタス（*Simocetus*）」は、知られている限り最も古いハクジラ類だ（**図14中**）。

シモケタスは、〝額の後退〟が〝中途半端〟であり、メロンをもっていたのか、仮にもっていたとしてそれが十分なサイズだったのかは議論が分かれている。

ハクジラ類の歴史において、「確実にメロンをもっていた最古の種」の一つと位置付けられているのは、アメリカに分布する約2400万年前（漸新世後期）の地層から化石が発見されている「コティロカラ（*Cotylocara*）」だ（**図14下**）。

コティロカラは、吻部が薄く長く伸びる一方で、〝はっきりと後退した額〟をもつ。つまり、メロンのスペースがしっかりと確保されていたのだ。

そして、コティロカラ以降のほとんどのハクジラ類は、この便利な能力をもっていたと考えられている。

その後、ハクジラ類は多様性を増していった。現生でクジラ類においては、その大半をハクジラ類が占めている。その繁栄に超音波能力がどの程度の寄与をしているのかは不明だが、一役買っていることはまちがいないだろう。

結果として、ハクジラ類は、現在の海洋生態系の上位に君臨している。

カモノハシ類は、電気感知能力を使う

カモノハシ（*Ornithorhynchus anatinus*）もまた、ヒトにはない〝遠隔検知能力〟をもつ。

そもそもカモノハシは、現在のオーストラリア東部やタスマニア島の湖沼や川に生息する。私たちヒトやクジラが属する「真獣類（有胎盤類）」や、カンガルーの仲間が属する「後獣類（有袋類）」とも異なる〝第三の現生哺乳類グループ〟である「単孔類」の代表種だ。単孔類には、他にハリモグラの仲間が属している。ちなみに、単孔類の仲間の歴史は古く、今から1億6300万年以上前の中生代ジュラ紀中期まで遡ることができる。

カモノハシの全長は50センチメートルほど。その4分の1前後を横方向に幅の広い尾が占める。四肢の先には水かきがあり、爪は鋭く、眼は小さく、歯はもたない。

そんなカモノハシの最大の特徴は、平たいくちばしだ。まさに「鴨の嘴《はし》」のごとく、カモ類のものとよく似ている。

もっとも、カモ類のくちばしが硬いことに対し、カモノハシのくちばしは柔らかい。内部に骨はあるものの、その骨のまわりを軟組織が覆っているためだ。愛知学院大学の浅原正和が2020年に著した日本初のカモノハシ専門書とされる『カモノハシの博物誌』によると、カモノハシのくちばしは、「ぶよぶよと柔らかい」という。

そんなクチバシをもつカモノハシは、半水半陸の生態をもち、繁殖期以外は単独行動を行う。そして、水底に潜む甲殻類などをクチバシの奥にある角質板で咀嚼して食べて暮らす。

ぶよぶよしたくちばしには、水圧の変化を感じる微小な感覚器と電気信号を感じる微小な感覚

器がびっしりと配置されている。筋状の〝無感覚器帯〟はあるものの、ほぼ全面で水圧と電気信号を感じることができる。

水圧の変化に関しては、スピノサウルスの例（ワニ類の例）と同じだ。動物が水中を泳ぐときに生まれる小さな波を感知することができる。

一方の電気信号は、生きている動物であれば大なり小なり発しているものだ。もちろん、あなたも発している。とくに何らかの動作を行うとき、その指示は神経を介して伝えられる電気信号によってコントロールされる。この信号は、大きな動物が大きく動くときほど強くなる。カモノハシは、こうした電気信号を感知できるのだ。

カモノハシの暮らす川の水は、見通しが良くない。

また、獲物となるのは水底に暮らす小動物ということもあって、カモノハシ自ら水底の堆積物を巻き上げて、水を濁らせる。つまり、視界がさらに悪くなる。

遊泳時のカモノハシは眼を閉じる。ヒトのように、「個体レベルで眼を開けるのが苦手」という話ではない。種として遊泳時には眼を閉じるのである。

カモノハシは、水中では視覚にまったく頼らないのだ。

そこで役立つ能力が、くちばしの〝水圧感知センサー〟と〝電気感知センサー〟だ。

遊泳時のカモノハシは、まるで何かを探すかのように首を左右に振りながら、両方のセンサーを使って獲物を探し、捕食する。なお、少なくとも〝電気感知センサー〟に関しては、成長にともなって増えていき、生後100日付近で、成体と同じ数のセンサーをもつようになるという。

カモノハシのこれらの能力は、祖先のどの段階で、どのように備わったのだろうか？カモノハシの属する単孔類全体に共通する特徴として、下顎に太い神経の入るスペースがあることが知られている。そのスペースが、吻部先端にまでつながっている。

そして、このスペースに入る神経こそが、電気信号などを検知し、脳に伝える役割を果たす。筆者の取材に対して、浅原は「もともと単孔類は、他の哺乳類よりも吻部の感覚が鋭かったといえると思います」と話す。この特徴は、約1億2000万年前、白亜紀前期を生きていた単孔類の化石にも確認できるという。ただし、その感覚の性能に関しては、まだよくわかっていない。

カモノハシとよく似た姿をした単孔類が、新第三紀（約2300万年前〜約258万年前）のオーストラリアにいた。

「オブドゥロドン（*Obdurodon*）」である（**図15**）。

オブドゥロドンはカモノハシの1・5倍近い大きなからだの持ち主で、カモノハシ以上にくちばしが大型化していた。浅原は『カモノハシの博物誌』の中で「超カモノハシ」と表現する。カモノハシとよく似た姿をしているけれども、臼歯をもつことが大きな違いとされる。

2016年、浅原たちはオブドゥロドンとカモノハシの頭骨を比較し、オブドゥロドンの下顎にみられる「太い神経の入るスペース」が、カモノハシのそれよりも相対的に狭いことを明らかにした。カモノハシに比べると、オブドゥロドンのそのスペースは、臼歯の歯根に〝圧迫〟されていたのである。

この分析結果をもとに、オブドゥロドンは、カモノハシよりも電気信号などに対して敏感では

図15　オブドゥロドン

なかったと浅原たちは指摘している。カモノハシがもつレベルの〝検知能力〟は、もっと進化が進んでから獲得されたものだったというわけだ。

「しかし、これはオブドゥロドンが電気感知をしていなかったということではありません」と浅原はいう。もともとオブドゥロドンのからだは大きい。歯もある。甲殻類を獲物とするカモノハシとは異なり、もっと大きな獲物……例えば、魚などを襲っていたのではないか、と浅原は指摘する。大きい動物ほど発する電気信号は大きくなる。カモノハシ並みの感知性能は不要だったのかもしれない。

オブドゥロドンからカモノハシに至る過程で、検知能力の変化とともに、生態も変わった可能性があるというわけだ。

ただし、カモノハシの進化を追いかけるためには、情報量が不足している。カモノハシの仲間の化石は、クジラ類のそれほど豊富にみつかっているわけではない。「オブドゥロドンとカモノハシをつなぐ移行期の化石があれば、もっと見えてくるはずです」と浅原は話す。

単孔類として生命史に生き残るカモノハシ。

その〝生き残ることができた理由〟の一つとして、電気感知能力の発達が関係しているのかもしれない。

遠隔検知能力は、生態系の中でその動物の〝立ち位置〟に大きな影響を与えてきた。

生態系の上位に君臨する動物は、視覚にしろ、嗅覚にしろ、何らかの遠隔検知能力を備えていることがある。

あるいは、何らかの遠隔検知能力の発達が、その種にとっての〝生存戦略〟となり、新たな生態系に進出したり、命を紡いだりすることに寄与してきたのである。

［コラム］〝暗視〟で広がる世界

現在の地球で暮らす生物は、昼に活動するものも、夜に活動するものもいる。夜の自然界では、昼とは異なる強者が存在し、昼とは異なる世界が築かれている。

過去も同じであったはずだ。

しかし、古生物の活動時間を化石から読み取ることは難しい。昼行性の動物も、夜行性の動物も、その活動時間を化石に直接は残さない。

古生物の活動時間を知るには、どうすれば良いのだろう？

一つの手法として「鞏膜輪《きょうまくりん》（「強膜輪」とも書く）」に注目する方法が知られている。

鞏膜輪とは、眼の中にある骨だ。私たち現生の哺乳類の眼にはないが、爬虫類や鳥類など多くの脊椎動物がもつ。リング状の薄い骨だ。

古生物、現生生物を問わず、脊椎動物の眼球は「眼窩」と呼ばれる頭骨のくぼみにはまる。基本的に、眼窩が大きければ大きい眼球をもつが、眼窩と眼球の間には〝余白〟があるため、眼窩から眼球のサイズを正確に推し量ることは難しい。

しかし鞏膜輪は眼の内部にあり、眼球を直接保護し、その形を維持する骨だ。つまり、鞏膜輪があれば、古生物であっても眼のサイズを推し量ることができる。

一般に、夜行性の動物ほど、鞏膜輪が大きい。

そこで、鞏膜輪の大きさから、古生物の活動時間を探る研究がある。

例えば、フィールド自然史博物館（アメリカ）のK・D・アンジェルチェックと、クレアモント・マッケナ・ピッツァ・スクリプス・カレッジ（アメリカ）のL・シュミッツは、2014年に「ディメトロドン（*Dimetrodon*）」などの単弓類（哺乳類とその祖先および近縁種を含むグループ）の鞏膜輪を分析した研究を発表している。

ディメトロドンは、恐竜類が出現する直前の時代にあたる古生代ペルム紀（約2億9900万年前〜約2億5200万年前）の前半期に活躍した肉食性の単弓類だ。単弓類は哺乳類を含むグループだ。ただし、この時点では哺乳類はまだ登場していない。ディメトロドンの化石はアメリカやドイツから発見されている。口には鋭い歯が並び、背中に大きな帆があった。大きなものでは全長は3メートルを超え、当時、生態系の頂点に君臨していたとみられる〝覇者〟である（**図16**）。

アンジェルチェックとシュミッツの分析では、ディメトロドンの眼は〝暗い場所〟ほどよく見えたという。夜行性か、それに準じる生態があったということになる。

ペルム紀の世界に生きていた多くの動物は外温性で、寒い時間帯……夜間や早朝は〝苦手〟だったとみられている。ディメトロドンも外温性とみられているが、彼らは帆を日光に当てることで、効率的に体温を上昇させることができたようだ。その〝温度調節機能〟に加えて、高い性能の〝暗視機能〟だ。早朝の狩りを行うには、十分なアドバンテージだったことだろう。ペルム紀

図16　ディメトロドン

の前半期、この王者は少なくても二つの機能に支えられていたのかもしれない。

眼の〝暗視機能〟に関しては、こんな研究もある。

魚竜類という、現在のイルカとよく似た姿の爬虫類が、恐竜時代の海にいた。

魚竜類の一つ、全長3〜4メートルの「オフタルモサウルス（*Ophthalmosaurus*）」は、中生代ジュラ紀中期（約1億7400万年前〜約1億6400万年前）の海に生息していた。陸では大型の恐竜類たちが、激しい攻防を繰り広げていた時代だ。化石は、イギリスやアメリカ、アルゼンチンなどからみつかっている。

1990年代に、カリフォルニア大学デイヴィス校（アメリカ）の藻谷亮介たちが、このオフタルモサウルスの鞏膜輪を調べている。

その結果、オフタルモサウルスの眼の〝暗視機能〟は、現生哺乳類のネコ並みに高性能だったことがわかった。

オフタルモサウルスの眼の能力は、水深500メートル以上の深海でも視界を確保できたという。つまり、オフタルモサウルスは、高い性能の〝暗視機能〟のある眼をもつことで、ライバルが潜れないような深海へ行くことができた可能性があるわけだ。

捕食者から逃れるとき、あるいは、餌資源を手に入れるとき、いずれの場合でも〝他者が行けない領域〟に行くことができる機能は、大きなアドバンテージになったことだろう。

Dimetorodon

第3章　あし

多くの動物が、移動手段としての「あし」を用いている。

身近なところでは、イヌ（*Canis lupus familiaris*）もネコ（*Felis silvestris catus*）も、自分のあしで駆け回る。

私たちヒト（*Homo sapiens*）は、「後ろあし」こと「あし」を移動に用いるだけではない。「前あし」こと「腕と手」を器用に使いこなしている。あなたがこの本を読む際にも、「前あし（腕と手）」は役立っていることだろう。

空を飛ぶ鳥の翼も、元を正せば、「前あし」だ。

あしをもつものがいる生態系は多い。

陸上生態系では、多くの場合で動物が「あし」をもっている。脊椎動物も、無脊椎動物も、あしを備えるものは多い。

海洋生態系では、上位に君臨する脊椎動物こそ、その多くの移動手段は「ひれ」であるものの、節足動物や軟体動物の頭足類をはじめとする多くの無脊椎動物が「あし」をもつ。

「あし」の獲得もまた、生命史に大きな影響を与えた〝機能〟といえるだろう。

なにしろ、現在の地球上には、〝あしをもつ成功者〟が無数に存在しているのだ。

動物はいつから「あし」をもつようになったのだろう？

……とその前に「あし」という言葉について、本書における文字の使い方を決めておきたい。

それというのも、「あし」に対して日本語では「足」「脚」「肢」などの同じ読みのさまざまな漢字を用いるからだ。これらの漢字について、とくに一般書、一般雑誌などではあえて使い分けられていないことが多い。

たとえば、科学雑誌の『ニュートン』だ。かつて筆者はこの雑誌の編集記者をしていた。同誌では、すべての「あし」に対して「足」を使うように社内規定で決められていた（在社時代の話なので、現在の状況は不明である）。

『生物学辞典』（東京化学同人）では、「あし」について、次のように記載されている。

・歩行する器官全体を「肢」
・接地する部分を「足」
・肢のうちで足以外の部分を「脚」

これを参考に、本書では次のように用いることにする。

「肢」に関しては、平仮名の「あし」を用いる。これは一般的には「肢」の文字が普及していないためだ。実際に、『広辞苑第七版』（岩波書店）の「あし」の項目には、「肢」はない。ただし、「四肢」「前肢」「後肢」などの熟語の場合には、「肢」を用いることにする。

「足」と「脚」の区別においては、とくに脊椎動物の「あし（肢）」に対して「脚」を用い、接地する部分を「足」とする。これは、『生物学事典』の記述とは多少異なるが、あしを指すたびに、「脚と足からなる」と書くのは些か迂遠なので、ご了承いただきたい。

そのほか、無脊椎動物に関しては必要に応じて、漢字を使い分けることにする。

……前置きが長くなった。

あしがない動物ばかりの生態系

動物はいつから「あし」をもつようになったのだろう？

そもそも「あし」とは、生物、とくに動物が移動するために、動物のからだを支え、移動を助ける器官である。ムカデのように数十本もあるもの、ヒトのように2本しかないものもある。

生物の最古の化石は、約35億年前の地層から発見された。海に暮らす顕微鏡サイズの生物のものだ。

その後、20億年以上もの間、ほとんどの生物は顕微鏡サイズの小さなままだった。

しかし、約6億３５００万年前に始まったエディアカラ紀において、突然、肉眼でも見えるサイズの生物が増え始めた。

この生物群は、動物とも植物ともわからないものばかりだ。

まるで海藻のような姿のものもいれば、洋菓子のマカロンほどの大きさのもの、硬貨のような大きさと姿のものもいた。

世界中の海で繁栄し、多様性に富んでいた。エディアカラ紀に栄えた彼らは、「エディアカラ生物群」と呼ばれている。

エディアカラ生物群の大部分は、攻撃のため、あるいは、防御のための武装をほとんどもっていなかった。

そのため、本格的な弱肉強食は始まっていなかったとみられている。

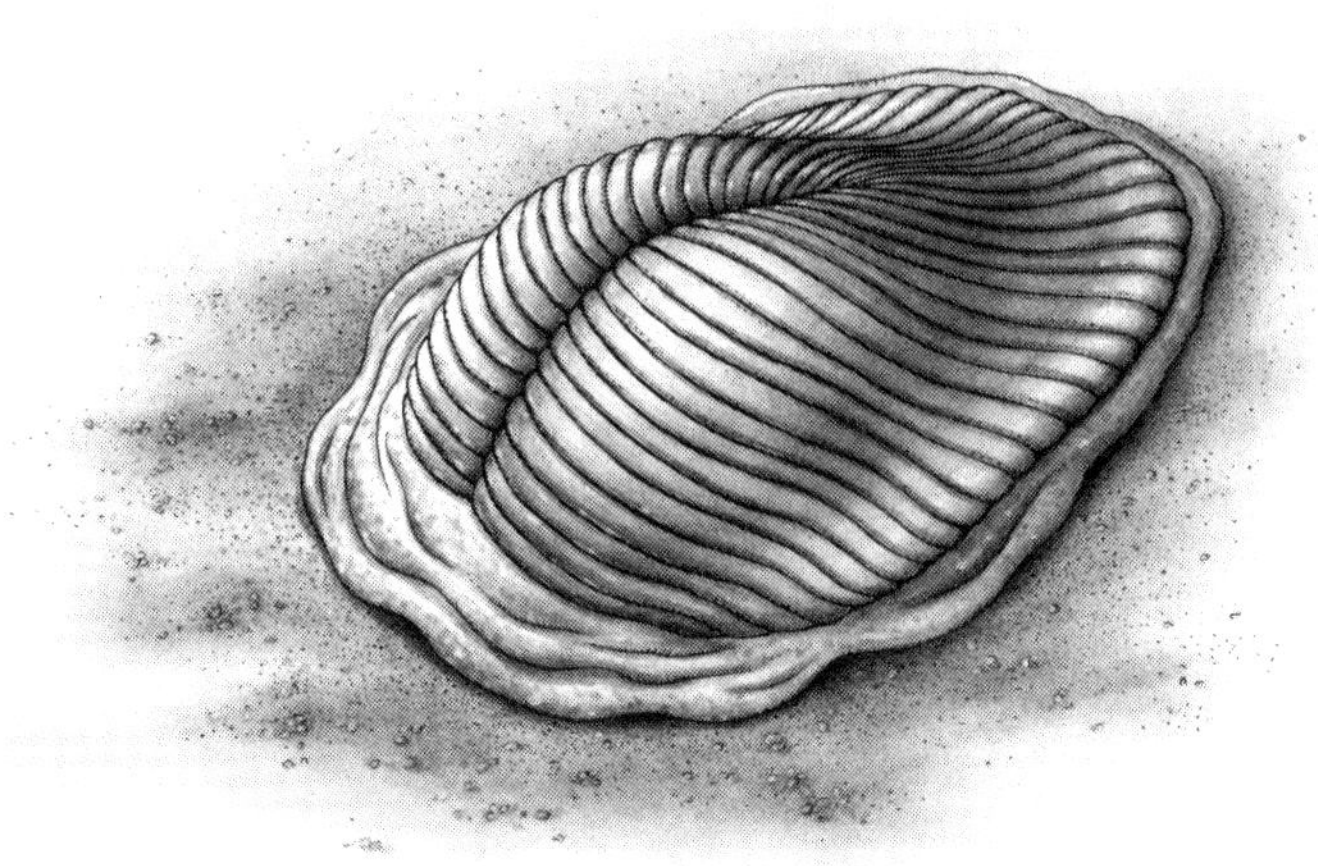

図 17　ディッキンソニア

そして、彼らには、「あし」もなかった。

たとえば、「ディッキンソニア（*Dickinsonia*）」（**図17**）だ。エディアカラ生物群の代表といえる生物である。

ディッキンソニアは、エディアカラ紀の後半にあたる約5億6000万年前から約5億5000万年前にかけて、現在のオーストラリアやロシア北西部に生息していた（当時、これらの地域は海だった）。楕円形のからだをもち、長径1センチメートルほどから1メートルほどまでさまざまなサイズの種がいたことがわかっている。

長軸方向に1本の線構造があり、そこから左右に多数の節が並んでいる。現生の動物との大きなちがいとして、この節が左右でわずかにずれていて連続していないという特徴がある。つまり、現生動物の主流である左右相称動物（左右対称動物）ではない。

なんとも不思議な生物だ。

不思議な生物たちが、当時の生態系を代表している。

オックスフォード大学（イギリス）のレネー・S・ホークズたちは、その成長モデルを解析し、ディッキンソニアを左右相称動物に近縁と位置付ける論文を2017年に発表している。

ホークズたちの指摘のように、ディッキンソニアが左右相称動物に近縁の動物だったとしても、現生の動物とのちがいはいくつもある。眼がないこと、口もどこにあるかわからないこと、そもそも体の前も後ろもわからないことなどだ。

そして何よりも大きなちがいとして、移動のための「あし」も「ひれ」も見当たらないことが挙げられる。

ディッキンソニアだけではない。

エディアカラ生物群の多くの種には、現生動物の多くがもつ〝移動手段〟がなかった。

地球史上、初めて本格的に登場した肉眼サイズの動物たち。彼らは、その後の時代の動物たちと比べるとゆっくり・ゆったりと移動していたらしい。

現代よりもはるかに〝平和でスローな生態系〟がそこにあった。


スピーディな生態系構築に欠かせないあしやひれ。

とくにあしについては、無脊椎動物・脊椎動物を問わず、その後、移動手段の枠を超えて多様な進化をみせることになる。

あしは、どのように獲得され、その進化は、生態系と世界の変化にどのような影響を与えたのだろうか。

「あし」の誕生

約5億4100万年前になると、古生代の幕が上がる。その最初の「紀」である「カンブリア紀」の始まりだ。

カンブリア紀の生態系では、節足動物が主役だった。

たとえば、ロイヤル・オンタリオ博物館（カナダ）が公開しているある採掘場のデータによると、その採掘場で産出したカンブリア紀の化石153種のうち、33パーセントが節足動物であるという。個体数でみると、5万282個体の化石のなかで、節足動物のものは59パーセントに達するとされる。

そんな節足動物の中でも、とりわけ〝大きな成功〟を収めたグループが、三葉虫類である。三葉虫類は節足動物を構成するグループの一つで、カンブリア紀以降3億年弱にわたってその命脈を保ち続けた。総種数は1万種以上。さまざまな形の種が確認されており、その殻が化石として残りやすいこともあって「化石の王様」としても知られている。

多少の例外はあるものの、三葉虫類の多くは、ヒトの手のひらよりは小さい。数センチメートルという種も少なくない。そして、とくにカンブリア紀とその次の時代であるオルドビス紀に多様性が高かった。

三葉虫類のあしは、他の多くの節足動物がそうであるように軟らかい組織でできていた。つまり、化石には残りにくい。

しかしごく稀に化石で残ることがあり、そうした化石によって三葉虫類のあしのつくりが明らかになっている。

彼らのあしは、根元で上下二つに分かれ、上にのびたあしには鰓がある。そして、下にのびたあしの先には小さな爪があり、海底における歩行を助けるために使われていた。

このタイプのあしは、「二肢型付属肢」と呼ばれている。三葉虫類の殻の底には、このあしが左右対になって並んでいた。

三葉虫類のあしがすべて同じ形であるということは大きなポイントだろう（正確にいえば、触角も起源はあしと同じではあるが、今回は脇に置いておこう）。それぞれのあしが、その位置によって異なる役割分担をしているわけではなく、基本的には「歩く」「海底を（軽く）掘る」程度のことしかできない。

あしをもつ動物が「海底を歩き回る」ことには、海洋生態系にとって大きな意味があったと考えられている。

柔らかい海底を歩き回れば、そこに降り積もっていた泥が巻き上がる。これによって海底にたまっていたさまざまな化学成分が海中に〝再供給〟されることになった。

海の成分が変わり、海の成分をもとにからだをつくる海洋生物の多様化につながる。

動物たちの進化が、海洋環境の変化を進めたのだ。

図18　アノマロカリス・カナデンシス

節足動物のあし、誕生の〝一歩前〟

三葉虫類の二肢型付属肢は、生命史上〝最も初期から確認できるあし〟だけれども、〝最も原始的なあし〟というわけではない。カンブリア紀当時、すでに動物たちは、種やグループに応じて様々なあしを備えていた。

そんな〝あしをもつ動物たち〟の中で、一つのグループに注目したい。

当時、生態系の頂点に君臨していたとみられる「ラディオドンタ類」である。

カナダの海に「アノマロカリス・カナデンシス（*Anomalocaris canadensis*）」に代表されるグループだ。ほとんどの動物のサイズが全長10センチメートルに満たない世界で、全長100センチメートルもの巨体をもっていたことで知られる（**図18**）。また、大きな複眼をもち、その複眼には、おそらく多数のレンズが並んでいた。「生命史上〝最初期の覇者〟」として、優れた視覚をもっていたとみられている。

そんなアノマロカリス・カナデンシスのからだは、ナマコのような形状で、背にはえらが並んでいた。からだの左右に10枚をこえるひれがあり、これがこの動物の移動手段だったとみられている。

移動手段としてのあしは確認されていない。

つまり、アノマロカリス・カナデンシスは海底を歩く動物ではなく、海中を泳ぐ狩人だったというわけだ。

ただし、あしがなかったというわけではない。

頭部先端には、1対2本の〝触手〟があった。その触手には多数の節があり、その内側に鋭いトゲが並んでいたことがわかっている。

この触手は「大付属肢」とも呼ばれる。獲物を捕獲するためのあしだ。ある意味で、役割が明確なあし（付属肢）を最初の覇者はもっていたのだ。

実はラディオドンタ類は、多様な大付属肢をもつことで知られている。

アノマロカリス・カナデンシスのように各節に鋭いトゲを備えたものもあれば、大付属肢の付け根が鉤爪のようになっているもの、付属肢の下に櫛状構造が並ぶものもある。

ラディオドンタ類のもつあしは、触手として使われる大付属肢のみで、移動に用いられていなかった。三葉虫類や昆虫類、甲殻類などの節足動物と比べると、随分と異なる特徴だ。

その意味で、ラディオドンタ類は〝広義の節足動物〟として扱われることはあるものの、現生

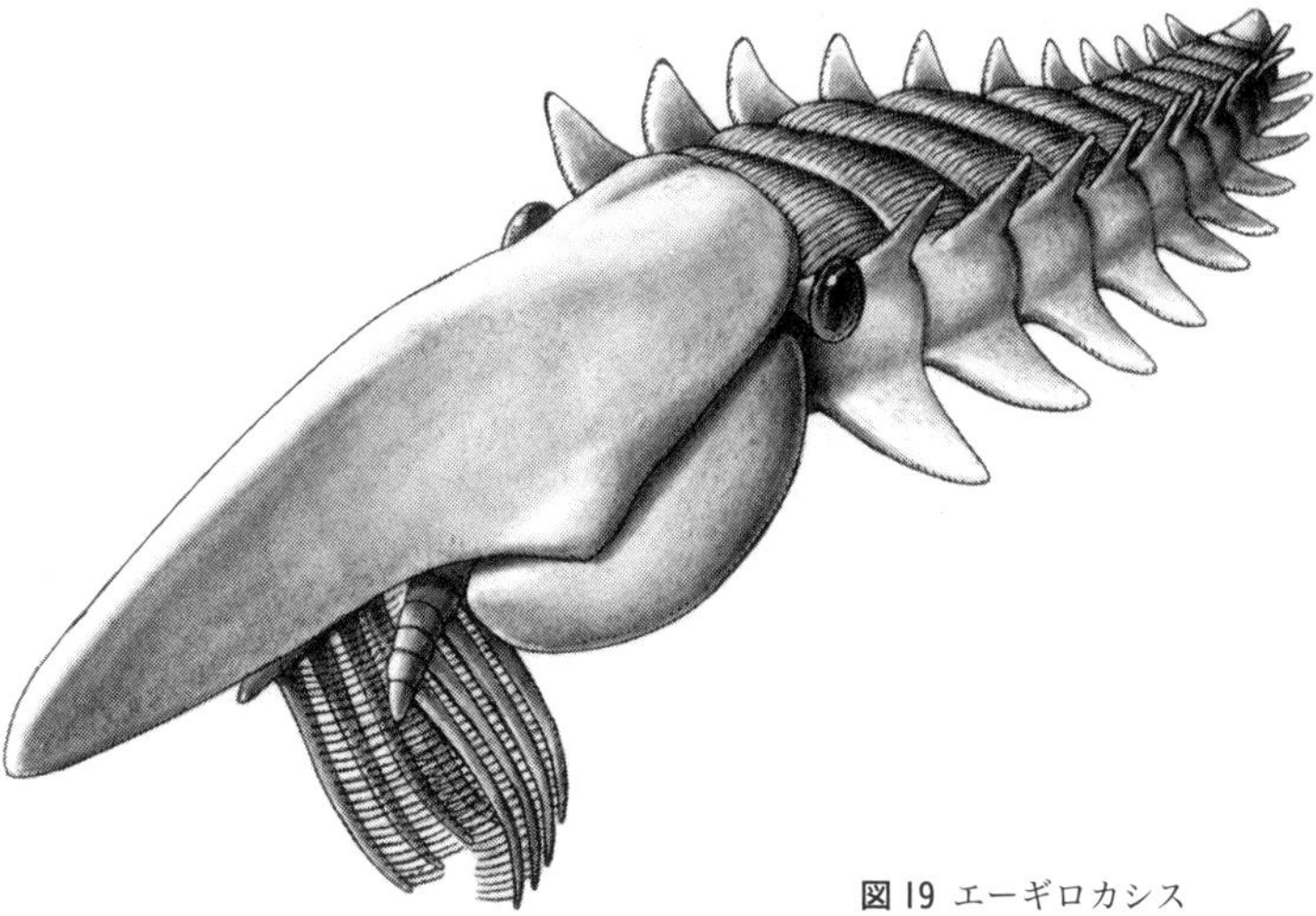

図19 エーギロカシス

の節足動物が属する〝真の節足動物〟ではないとみられている。

カンブリア紀における〝真の節足動物〟の代表者といえば、やはり三葉虫類である。根元で二つに分かれる二肢型付属肢をもつグループだ。

二肢型付属肢をもつ節足動物は三葉虫類だけではない。現生の甲殻類に至るまでとくに水棲節足動物の多くの種が二肢型付属肢をもっている。水棲節足動物の基本的なあしのつくりといえるのだ。

では、その二肢型付属肢はどのように誕生したのだろう？

この謎解きについても、ラディオドンタ類が鍵を握っているとみられている。

その動物の名前を「エーギロカシス（*Aegirocassis*）」という。カンブリア紀の次の時代にあたるオルドビス紀（約4億8500万年前〜約4億4400万年前）のモロッコの海に生きていた。全長は2メートルほど。アノマロカリス・カナデンシスの2倍の長さのある動物だ（図19）。

他のラディオドンタ類と同じように、エーギロカシスにも二肢型付属肢があったわけではない。ただし、このラディオドンタ類には独特の特徴があった。アノマロカリス・カナデンシスと同じようにからだの脇に多数のひれが並んでいたが、エーギロカシスのそれは上下2列あったのだ。また、背中には鰓が並んでいた。

2015年にエーギロカシスを報告したイェール大学（アメリカ）のピーター・ヴァン・ロイたちは、こうした特徴に注目した。

アノマロカリス・カナデンシスたちは〝広義の節足動物〟として、〝真の節足動物〟の原始的な存在と位置付けられている。そして、エーギロカシスは両者をつなぐ存在にあたるという。ロイたちの指摘によると、もともとエーギロカシスのような2列のひれをもつ動物がいて、進化の過程でその上列のひれが背中の鰓と〝合体〟した。そして、これが二肢型付属肢の上側の肢（鰓のある肢）になったのではないか、というわけである。下列のひれは、二肢型付属肢の下側の肢（歩行用）となり、根元でその二つがあわさって二肢型付属肢が登場したのではないか、というわけだ。

二肢型付属肢の獲得そのものが、生命史にどのような影響を与えたのかは、実際のところ定かではない。しかし、三葉虫類だけではなく、甲殻類なども含めて、多くの節足動物が二肢型付属肢を〝採用〟したことは確かだ。

そして、二肢型付属肢をもつ動物たちを含めて、生態系はより多様になった。

二肢型付属肢を効率よく使う

〝移動手段〟として用いられる「あし」は、節足動物において「二肢型付属肢」という形で、その進化の初期段階に獲得された。「二肢」という文字が示すように、このあしは根元で二つに分かれている。

三葉虫類のもつ二肢型付属肢はシンプルなもので、からだの前部から後部に到るまで、すべて同じ形だった。そんな三葉虫類の中にも、この二肢型付属肢を極めて効率的に使っていたものがいる。

オルドビス紀に登場した「ヒポディクラノトゥス（*Hypodicranotus*）」は、その一つであり、象徴的な存在でもある（**図20**）。

ヒポディクラノトゥスは、全長3センチメートルほどの小さな三葉虫で、流線型のからだをトレードマークとする。見た目はまるで現代の戦闘機のようだ。複眼が帯状に前後に長く配置され、広い視界をカバーしていた。

多くの三葉虫類は底生とみられており、泳いでいたとしてもオキアミのように〝浮遊していた程度〟と考えられている。

しかし、ヒポディクラノトゥスは例外だった。どうやら、水中を高速で泳ぐことができたらしい。

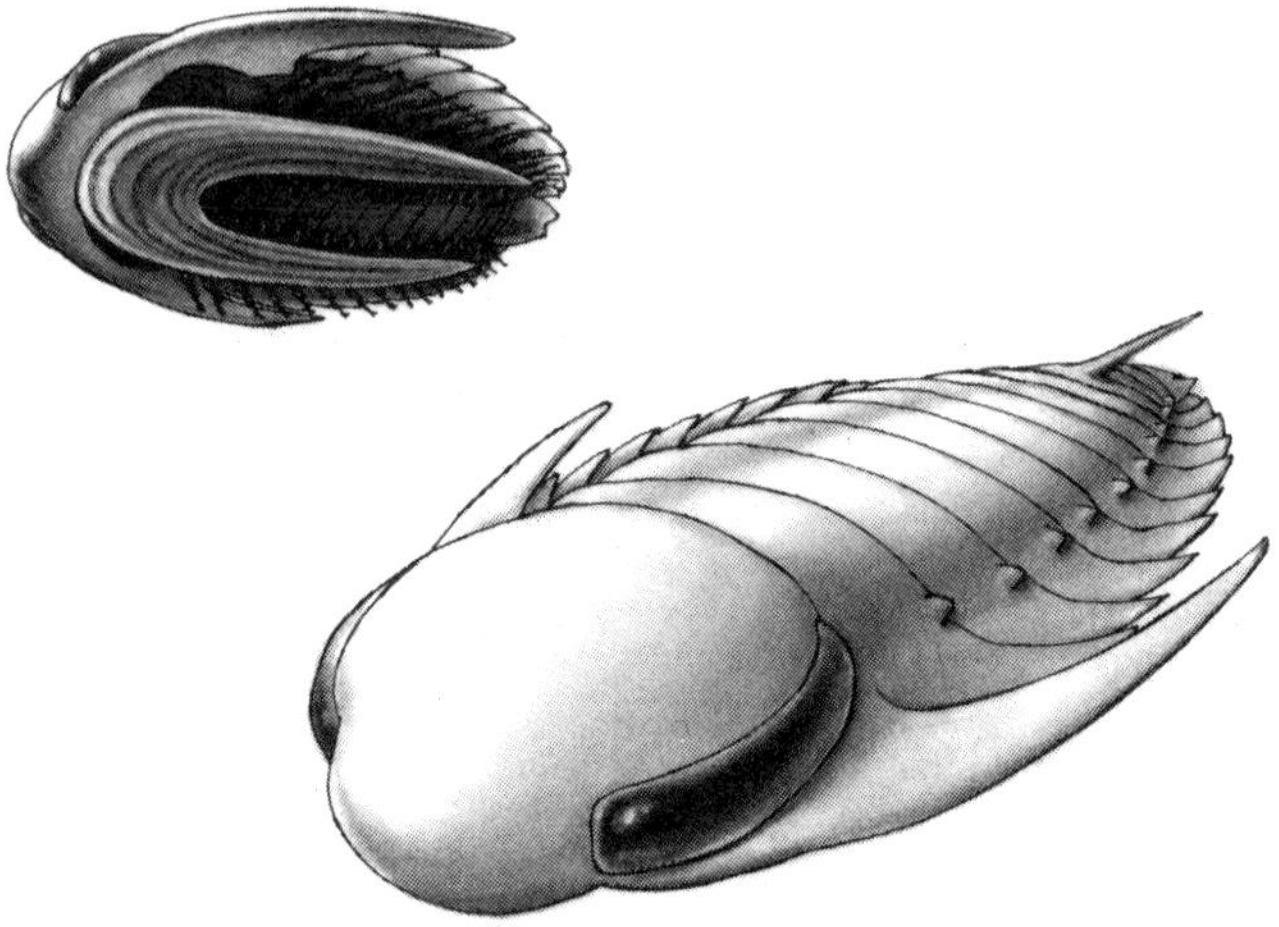

図20　ヒポディクラノトゥス

すべての三葉虫類は、頭部の腹側に「ハイポストマ」と呼ばれる〝板〟をもっている。この板は殻と同じ材質でできており、硬い。主な役割は頭部に集中する三葉虫類の内臓を保護するためのものだったと考えられている。

ほとんどの三葉虫類のハイポストマは、頭部の腹側の範囲を出ない。

しかしヒポディクラノトゥスのハイポストマは、尾部の下に達するほどに長かった。しかも、その中央部に深い切れ込みがあり、まるでフォークのような形状をしていたのである（**図20**の左上）。

２０１２年に新潟大学の椎野勇太たちが発表した研究によると、ヒポディクラノトゥスは前に向かって泳ぐことで、殻の内部で逆流する水の流れを発生させることができたという。流線型の殻の形状と独自のハイポストマが水の流れを変えていたのである。

さらに、その水流は殻の内部で渦を描いていたと椎野たちは指摘した。その渦のルートには二肢型付属肢が並んでいた。二肢型付属肢には鰓があり、水流には酸素が含まれている。

つまり、ヒポディクラノトゥスは泳ぐだけで自然と二肢型付属肢の鰓に酸素を送り込むことができたのだ。それはシンプルな二肢型付属肢だけしかもたなくても、他のボディパーツのデザイン次第で、水中の生態系で〝効率よく〟に生きることができたことを意味している。

役割をもつあし

時代を少し戻そう。

カンブリア紀の節足動物のすべてが、三葉虫類のようなシンプルなあししかもっていなかったというわけではない。

たとえば、「カンブロパキコーペ（*Cambropachycope*）」という顕微鏡サイズ（全長1・5ミリメートル）の動物の化石がみつかっている。頭部の先端がたった一つの巨大な複眼になっている節足動物である（**図21**）。

そして、あしという視点に注目すれば、カンブロパキコーペのあしは三葉虫類のそれより〝進んで〟いた。複数ある付属肢のうちの一対が、まるでパドルのように平たく広がっていたのだ。このパドルを上手に操ることで、海の中をスピーディに泳ぐことができたとみられている。

カンブリア紀の海洋生態系に、すでに〝多様なあし〟があったわけだ。

こうした「役割のあるあし」をもつ節足動物の中には、オルドビス紀以降の海洋生態系に台頭

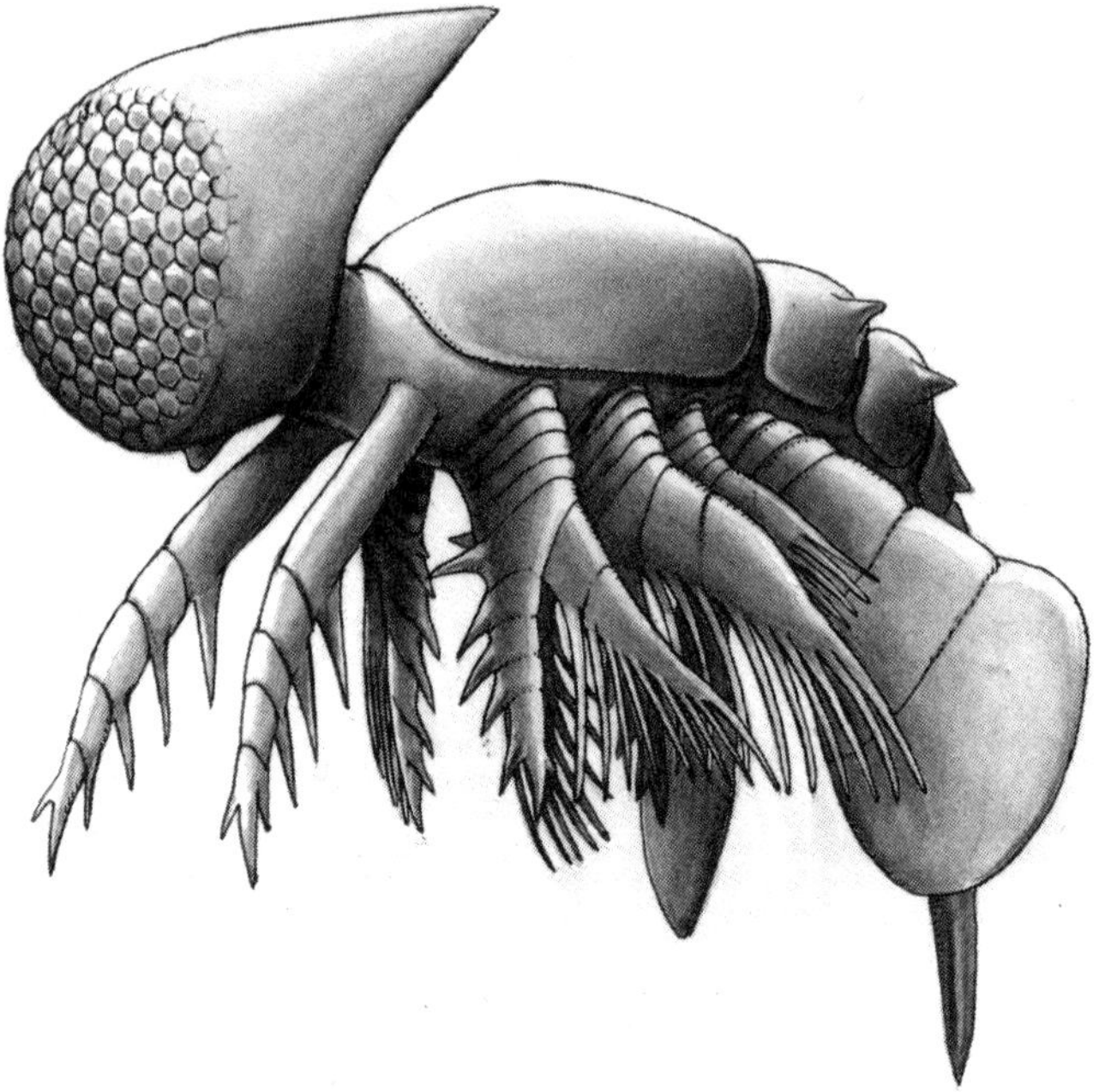

図21　カンブロパキコーペ

したグループがいた。

ウミサソリ類である。

その名が示すように、現生のサソリ類に近縁のグループで、祖先を同じくするとみられている。

知られている限り最も古いウミサソリ類は、アメリカのオルドビス紀中期の地層から化石がみつかっている「ペンテコプテルス（*Pentecopterus*）」だ。全長1・7メートル。先端が狭く、後端が広いという台形状の頭胸部をもち、その後ろに幅の広い前腹部、幅の狭い後腹部（尾部）と続く。前腹部、後腹部には節があった（**図22**）。

ウミサソリ類の付属肢は合計

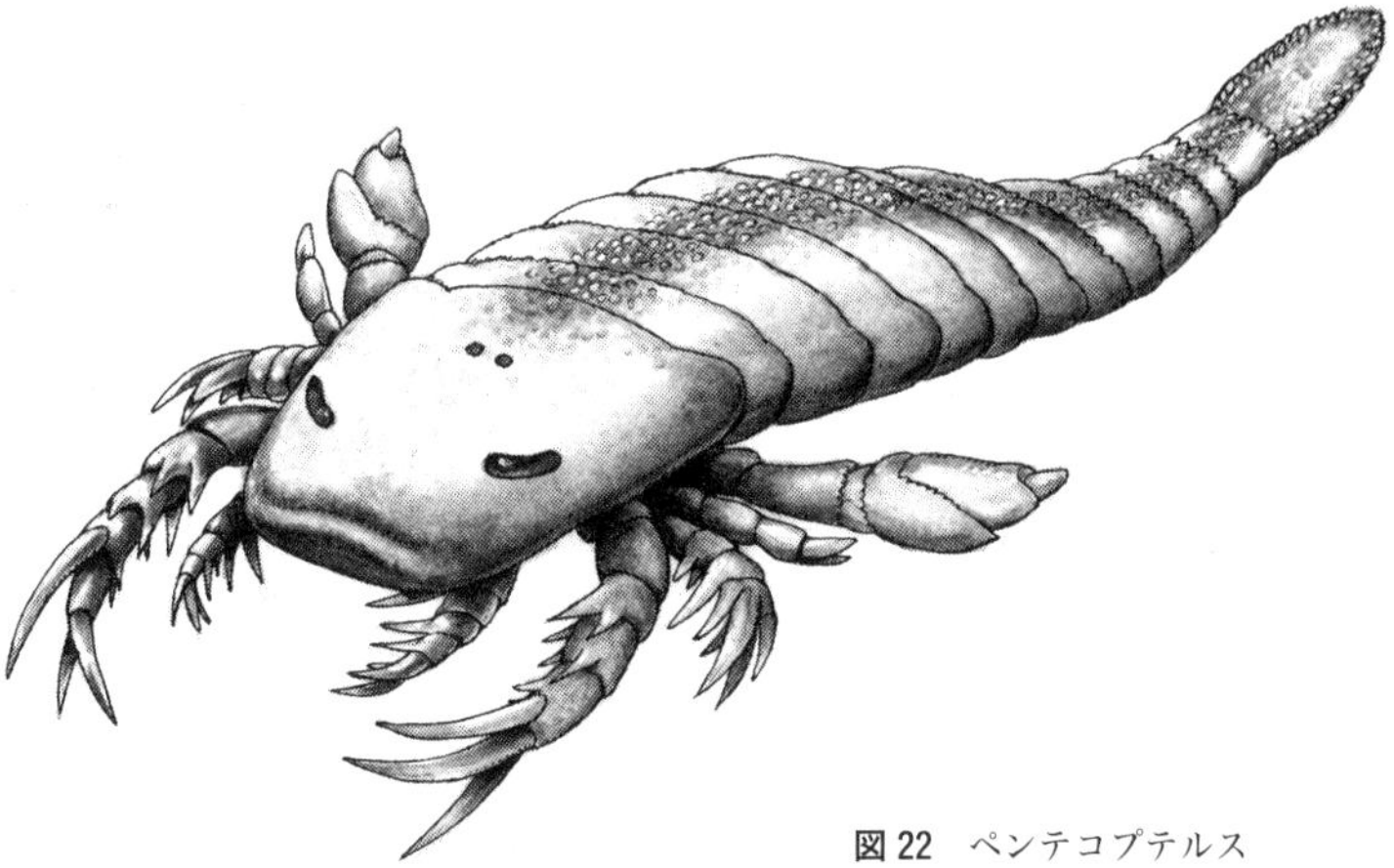

図22　ペンテコプテルス

6対12本。そのすべてが前腹部の底から伸びていた。

ペンテコプテルスの場合、先頭の1対の先端は小さなハサミのようになっていて、頭胸部の底にある口の近くにあった。これは「鋏角」と呼ばれるもので、ウミサソリ類やサソリ類、クモ類などを含む「鋏角類」という広いグループに共通する特徴だ。鋏角は、獲物をもち、口に運ぶ役割を果たしていたとみられている（なお、あくまでも「口の近く」にあるため、**図22**のイラストのアングルでは見ることはできない）。

ペンテコプテルスの第2〜第6付属肢は、頭胸部の底から外側へと伸びていた。第2〜第5は歩行用。第6付属肢の先端は平たくやや広がっており、カンブロパキコーペのそれと同様に遊泳の際に役立ったとみられている。

ウミサソリ類は、種によって付属肢の形状が異なる。遊泳用の付属肢をもたないものもいる。ただし、「進化的」とされるウミサソリ類の多くは、大なり小なり遊泳用の付属肢をもつ。

ノルウェーで化石がみつかっている全長1メートルほどの「ミクソプテルス（*Mixopterus*）」は、第1付属肢こそペンテコプテルスのものと同じだが、第2、第3付属肢は前方に向けて長く伸びており、そこには細く鋭いトゲが並んでいた。第4、第5付属肢は歩行用で、第6付属肢の先端が広がってパドル状になっていて遊泳用だった（**図23**）。

アメリカなどから化石がみつかる全長60センチメートルほど（資料によっては1・6メートルの巨体もいたとされる）の「プテリゴトゥス（*Pterygotus*）」は、ペンテコプテルスやミクソプテルスとはちがって、第1付属肢が前方に向かって長く伸びていた。そして、第2〜第5は歩行用、第6付属肢はやはりパドル状で遊泳用になっていた（**図24**）。

多様な付属肢を手に入れたウミサソリ類は、オルドビス紀と、その次の時代であるシルル紀（約4億4400万年前〜約4億1900万年前）にかけて大いに繁栄し、各地の海洋生態系で、その上位に君臨していたとみられている。

かくして、さまざまなあしをもち、節足動物は繁栄を勝ち得ることに成功した。

そして、節足動物の高い多様性は、現在の生態系でも続いている。

ただし、生態ピラミッドにおける上位の座は、古生代デボン紀（約4億1900万年前〜約3億5900万年前）に、魚の仲間たち、すなわち脊椎動物に譲ることになる。

彼らは、あしをもたないが、ひれを備え、そして、節足動物をまるごと嚙み砕くことができる武器……「顎」を備えていた。

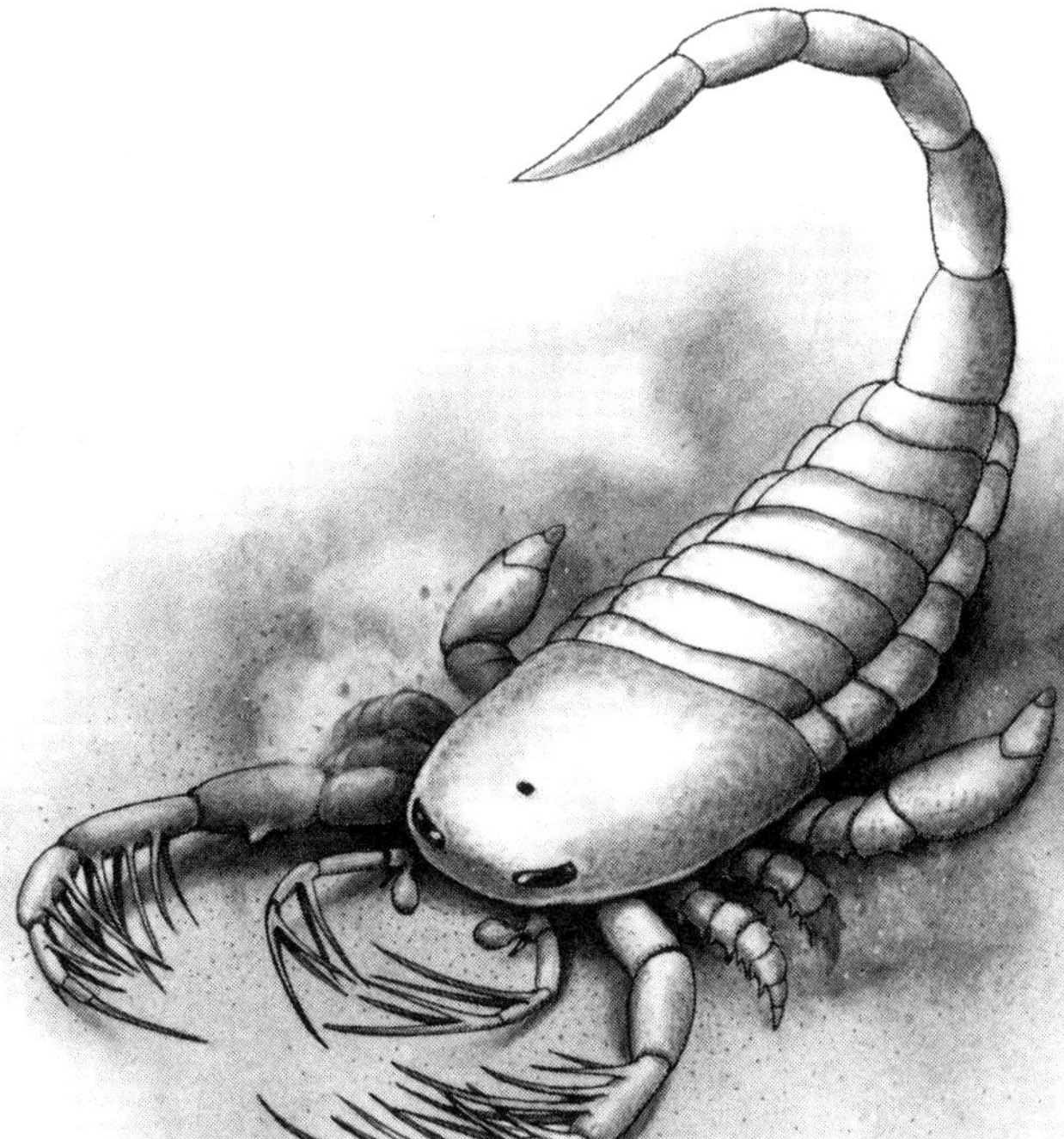

図 23　ミクソプテルス

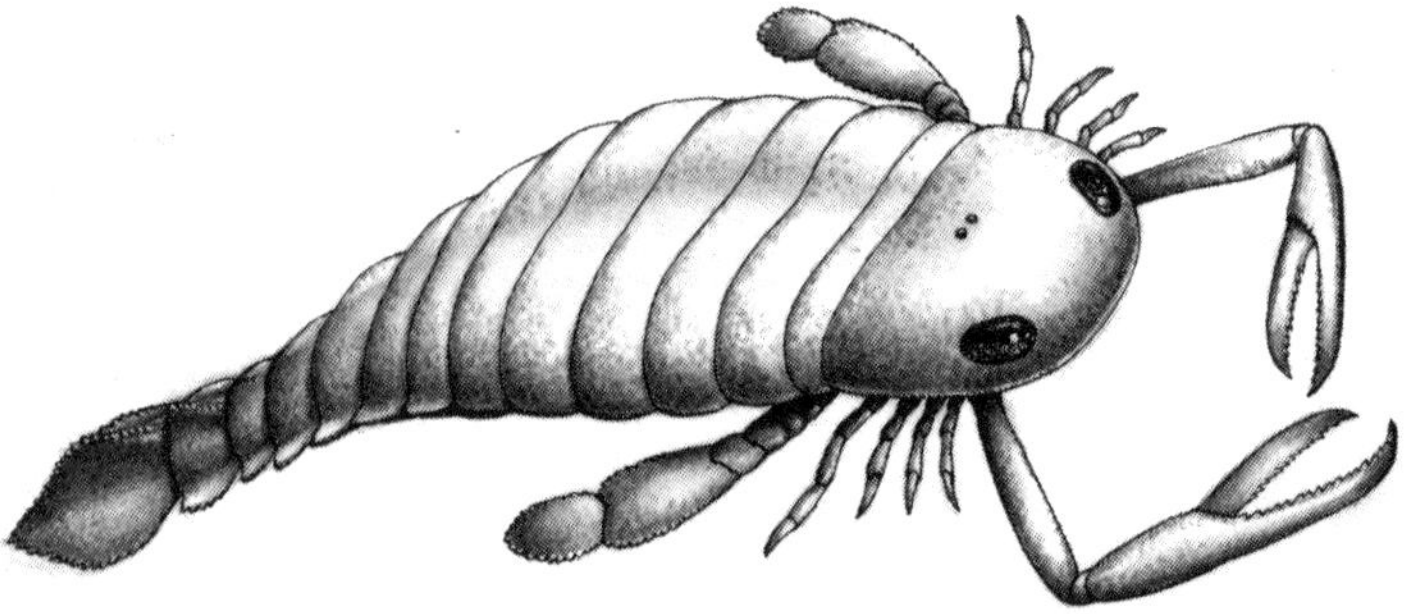

図 24　プテリゴトゥス

4本の「あし」をもつものたち

脊椎動物の「あし」に注目すると、「四肢動物」と呼ばれる動物グループの存在が見えてくる。これは脊椎動物のうち、四肢――一対2本の前あしと一対2本の後ろあしを発達させた動物の総称だ。現生種でいえば、両生類、爬虫類、鳥類、哺乳類をまとめて指す言葉である。

専門家や、よほどの〝愛好家〟でもなければ、「四肢動物」は聞きなれない言葉かもしれない。

もともとは「Tetrapoda」というギリシア語に由来した言葉の訳語であり、日本語では「四肢動物」の他にも、「四足動物」と呼ばれたり、「四足類」と訳されたりする。現時点で、完全に定着したといえる和訳は存在しない（筆者も、書籍によって使い分けている）。

いずれにしろ、四肢動物という言葉が示すように、これらの動物は基本的に4本の脚をもつ。他の動物群――たとえば、節足動物や軟体動物のように、「種によってあしの数が異なる」ということはない。ヒトのように二足歩行をするものであっても、腕はもともと「前脚」であるし、鳥類やコウモリの仲間、翼竜類の翼も、もともと「前脚」が変形したものである。ヘビ類や無足類（アシナイイモリの仲間）などのように「脚のない動物」も、もともとは4本の脚をもっていて、進化にともなって脚を失ったものだ。すべての四肢動物は、文字通り「四肢をもつ（あるいは、もっていた）」ことを特徴としている。

四肢動物の「脚の起源」は、魚のひれにあるということは多くの研究者に共通する見解だ。はるか太古の世界で、〝のちに脚となるひれ〟を4枚もつ魚が出現し、その魚に始まる進化の結果として、四肢動物が誕生したとされる。

四肢動物の誕生と、陸上生態系への進出は、生命史に起きた〝大変革〟の一つだ。

なにしろ、四肢動物が上陸するまで、陸上生態系は節足動物を中心とする無脊椎動物の〝支配圏〟だった。節足動物は、誕生初期から陸上でも歩行できるあしを備えていたし、空気中であっても呼吸できる器官を備えていた。

そんな彼らが上陸し、築いていた生態系に、四肢動物は〝侵略〟をしかけ、そして、節足動物の上位に君臨することに成功するのだ。

このとき築かれた「脊椎動物上位」という生態ピラミッドは、現在まで続くことになる。四肢動物、つまり、「あし」をもつ脊椎動物の登場がなければ、今日の陸上生態系は節足動物を軸としたまったく別の歴史を歩んでいたにちがいない。

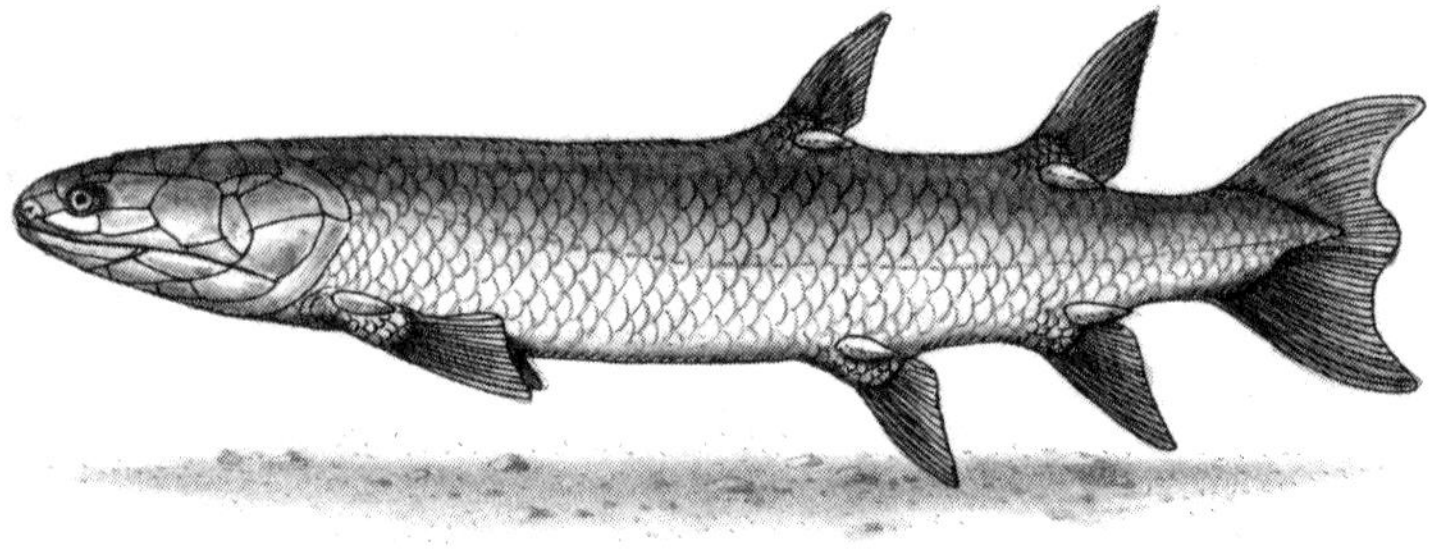

図25　ユーステノプテロン

最初期の「脚」は歩行用じゃなかった？

四肢動物の脚の誕生に関しては、「進化のステップ」ともいうべき重要な古生物の化石がいくつか発見されている。そのいずれもが、デボン紀後期（約3億8300万年前〜約3億5900万年前）のものだ。

各ステップに相当する古生物を紹介しながら、脚の誕生に至る進化を追いかけてみよう。

まずは「進化の起点」とされる魚の化石が、カナダに分布する約3億8000万年前の地層から発見されている。

この魚の名前を「ユーステノプテロン（*Eusthenopteron*）」という（**図25**）。

全長1メートルほどになるこの魚の外形は、まるで魚雷のように細長く、そして円筒形に近いからだつきをしている。この魚の胸びれのつけ根に、上腕骨、橈骨、尺骨に対応する骨があることがポイントだ。

これらの骨は四肢動物における前脚を構成する骨である。もちろん、あなたにもある。肩から肘までの骨が上腕骨、肘から手首までには2本の骨があり、親指側にある骨が橈骨、小指側

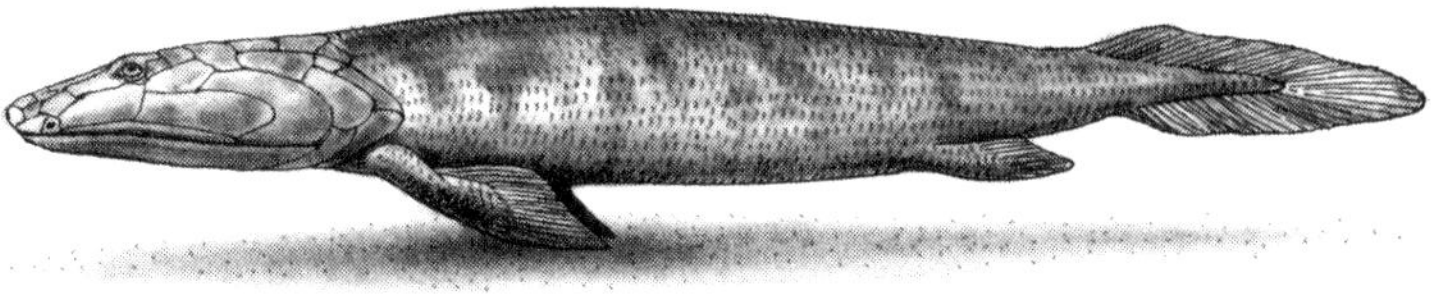

図26　パンデリクチス

にある骨が尺骨だ。

ユーステノプテロンの〝次のステップ〟に相当するとみられている魚が、ラトビアから化石が発見されている「パンデリクチス（*Panderichthys*）」だ（**図26**）。

ユーステノプテロンとほぼ同時代に生きていたとされ、その全長はユーステノプテロンとほぼ同じサイズである。しかし、この魚の見た目はユーステノプテロンの魚雷型とはだいぶ異なり、ワニのような扁平な体つきをしていた。

パンデリクチスの胸びれの中にも、ユーステノプテロンと同じように上腕骨、橈骨、尺骨にあたる骨がある。さらに、パンデリクチスの胸びれには、〝原始の指〟ともいうべき4本の短い骨があった。もっとも、この骨には関節もなく、形状も指にはみえない。あくまでも「指のような骨」だ。

パンデリクチスからさらに1歩〝進んだ〟とされる魚が、カナダに分布する約3億7500万年前の地層から化石が発見された「ティクターリク（*Tiktaalik*）」である（**図27**）。

ユーステノプテロンやパンデリクチスよりもはるかに大きく、全長は2・7メートルに達した。見た目は、パンデリクチスと同じようにワニのように平たい体つきだった。

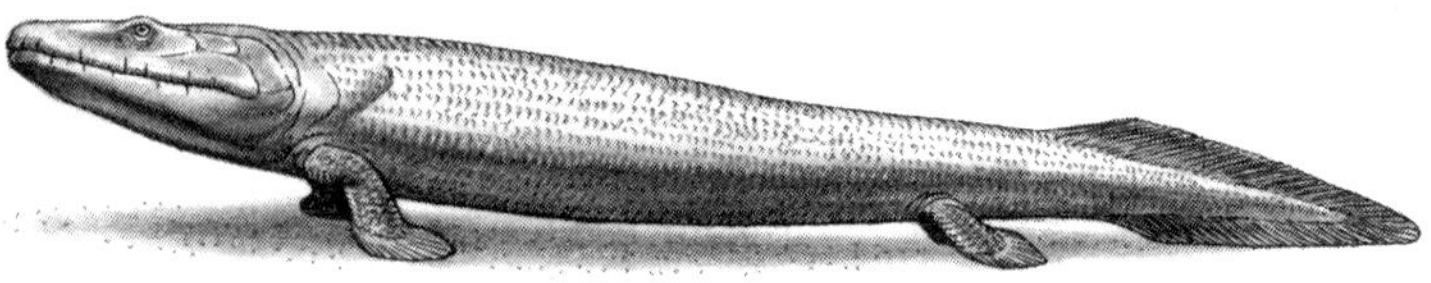

図27　ティクターリク

ティクターリクは「腕立て伏せをする魚」とも言われており、胸びれの中に上腕、前腕（橈骨と尺骨）、手首に相当する骨があり、さらにそれらの骨が関節していた。すなわち、肩、肘、手首という三つの関節があった。肩と腕の骨には、それらを動かすための筋肉がついていたともみられている。各骨と関節を動かすことによって、川や池の底、浅瀬、干潟を動き回ることもできたようだ。

そして、デボン紀最末期（約3億7200万年前〜約3億5900万年前）になると、ついに脚と指をもった動物が登場する。

「アカントステガ（*Acanthostega*）」だ（**図28**）。

その化石は、グリーンランドに分布する地層から発見されている。アカントステガの全長は60センチメートルほど。その見た目は、もはや魚とはいえない。前脚2本、後ろ脚2本。はっきりと四肢が確認できる。

もっとも、その四肢は私たちの知るそれとはだいぶ異なる。前腕をつくる2本の骨のうち、橈骨の長さが尺骨の2倍近くあり、非常にアンバランスなものとなっている。そして指は8本もあった（後ろ足の指の本数はよくわかっていない）。

注目すべき点は、アカントステガの四肢の関節が非常に華奢であるということだ。浮力を利用できない地上で、重力に逆らってからだを支え、動

図 28　アカントステガ

き回ることには向いていなかったのである。

他にも、アカントステガの特徴として、現生の肺魚類のものとよく似た鰓骨があり、空気呼吸も水中呼吸もできたとみられること、尾にも肺魚類のものとよく似た尾びれがあったことが確認されている。

こうした特徴から、アカントステガは四肢をもつものの、その生活の中心は陸上ではなく、水中にあったという見方が強い。実際、その化石が発見された地層は河川でできたものだった。そのため、アカントステガの四肢は、水の中を移動する際に邪魔な落ち葉や小石などをかき分けることに使われていたと考えられている。

つまり、四肢動物の「脚」は、もともとは歩行のためのものではなかったのかもしれないのだ。

実質的には、水中移動用の脚の〝転用〟だったのかもしれない。

ただし、実際には、アカントステガの化石よりも古い時代の地層から「陸上歩行をした四肢動物の足跡の化石」が発見されている。この足跡化石は、足跡しか発見

図29　イクチオステガ

されておらず、アカントステガ以降の四肢動物との関連性も、そもそも足跡の〝主〟の姿も謎に包まれている。もしも、この足跡化石の主が、アカントステガ以降の四肢動物と祖先・子孫の関係にあるとしたら、四肢動物の「脚」の役割についても、また検討が必要となるだろう。今後の発見に期待したいところだ。

そして、地上へ

アカントステガと同時代、同じ地域に「イクチオステガ（*Ichthyostega*）」という動物がいた。大きな頭部、がっしりとしたからだと太い四肢をもつこの動物は、全長1メートルほどだった（**図29**）。

脊椎動物の〝上陸作戦〟という視点にたつと、イクチオステガは、アカントステガの一歩先に位置付けられることが多い。なにしろ、アカントステガと比較すると四肢が太い。浮力を利用できない地上でも、動き回ることができそうだ。からだのつくりをみると、肋骨がとても頑丈であり、仮に四肢を使わなくても、自重で内臓を潰してしまうことはなさそうである。

その一方で、イクチオステガは尾が長く、尾びれが発達していたという特徴もある。そのため、完全に陸上で生活をしていたのかどうかについては議論がある。たとえば、イクチオステガの前脚の可動範囲は限定的だっ

図30　ペデルペス

たうえに、後ろ脚は接地していなかったのではないか、という見方さえもある。

そして時代は、約3億5900万年前を境に、デボン紀から石炭紀へ移る。

石炭紀になると、明らかに陸上歩行をしていたとみられる動物が出現した。

陸上歩行をした初期の四肢動物を代表する種類が、「ペデルペス（*Pederpes*）」だ（**図30**）。イクチオステガとほぼ同じサイズのこの動物は、高さのある頭部をもつことで知られる。

ペデルペスの特徴は、あしの指にある。歩くときにその指がまっすぐ前を向いていたのだ。そして、薬指がとくに長かった。こうした特徴によって、移動時にしっかりと地面を蹴ることができたといわれる。

ペデルペス以降、多くの四肢動物が地上を闊歩するようになる。

それまで無脊椎動物が主体だった陸上生態系に、本格的に脊椎動物が加わった。生態ピラミッドの上位が変わったのである。

かくして移動手段は魚のもっていたひれから、あしへと変化した。

脊椎動物の四肢の進化に詳しい名古屋大学博物館の藤原慎一は、ひれからあしへの変化について「その〝目的〟は柔軟性の排除にあったといえるでしょう」と指摘する。

「腕立て伏せをする魚」として紹介したティクターリクが顕著な例といえるかもしれない。魚のひれに関節はないが、四肢動物への進化の過程で、関節が発生した。関節のないひれは柔軟性に富み、ひれのどの場所でもくねくねと曲がる。しかし、骨と骨を関節でつなぐようになると、可動部は基本的にその関節の部分に限られる。藤原が指摘するように、柔軟性が排除されたのだ。

四肢動物のあしは、骨と骨を関節でつなぎ、筋肉をつけてその伸縮で動きを制御する。魚のひれは、柔軟ではあるけれども、四肢ほどの細かな制御はできない。すなわち、ひれからあしへと変化したことで、動物は陸上における「制御しやすい移動器官」を手に入れたのだ。

それは、地上を力強く素早く移動するためには必須の、とても大切な〝仕様〟となった。

最初期の歩行様式は……

初期の四肢動物は、どのように歩いていたのだろうか？

実はこれが難問で、よくわかっていない。何しろ、化石として発見されるのは骨だけなのだ。

動きを再現するためには、筋肉の情報が欲しいところだが、あいにく、筋肉が化石として残る例はかなり限られている。

そのため、漠然と「初期の四肢動物は、四肢を横方向に伸ばして腹這いの姿勢で歩くのではないか」と考えられてきた。

2019年になって、そんな見方に一石を投じる研究が発表された。フンボルト大学（ドイツ）のジャン・A・ニャカトゥラたちが、従来にない視点で「オロバテス・パブスティ（*Orobates pabsti*）」の歩行復元に挑戦したのである。

オロバテスは、ドイツに分布する約2億9000万年前という古生代ペルム紀初期の地層から化石が発見されており、〝初期の四肢動物〟の一つとされる。ほぼ全身が残っているという点、そしてその足跡化石もあるという点でかなり珍しい動物である。四肢動物の化石で全身が残ること自体が稀であり、また、足跡化石から、その主を特定できることは決して多くはない。なお、「ペルム紀」は、古生代最後の時代である。同時に、「恐竜時代」と呼ばれる「中生代」の直前の時代でもある。

ニャカトゥラたちは、まず全身骨格をコンピューター上で組み立てた。そして、どのように動かせば、その足跡が残るのかをコンピューター上で検証した。

この研究の特徴は、その先だ。そのコンピューターモデルをもとに、オロバテスの復元ロボットを製作したのである。そのロボットには「オロボット（OroBOT）」という名前が与えられている。

オロボットを使うことで、実際の歩行の際に重力や摩擦などがどのように影響するかが検証され、オロバテスの姿勢復元がより正確に検証されることになった。なお、オロボットの〝雄姿〟は、インターネットで「Orobates」「Orobot」と検索すると、動画で見ることができる。いくつかのサイトがヒットする。筆者のおすすめは、https://youtu.be/-Fz3JIGABrs（本書執筆時の情報）だ。

オロボットによる検証には、4種類の現生四肢動物のデータが使われた。サンショウウオ、トカゲ、イグアナ、そして、カイマン（ワニ）である。

検証の結果、オロバテスの歩行は、カイマンに近いことが示された。カイマンは、四肢を踏ん張るかのようにのばし、からだをグッと持ち上げて歩く。意外と素早く、活動的だ。オロバテスの歩行もそうであった可能性が高い、ということになった。

ニャカトゥラたちの研究は、遅くても約2億9000万年前には、「腹ばいではない歩き方」を四肢動物が行なっていたことを示唆している。また、この研究自体が、これまで不鮮明だったさまざまな絶滅動物の歩行様式解明に応用される可能性を秘めている。

今後の研究で、より多くのことがみえてくるにちがいない。

〝効率的な歩き方〟へ

約2億5200万年前になると、時代は中生代に移る。いわゆる「恐竜」時代だ。中生代は、三つの「紀」で構成されている。その最初の時代である「三畳紀」に、脊椎動物の歩行様式には、

図31　エオラプトル

〝一歩先に進んだ仕様〟が加わった。

四肢が胴体の真下へまっすぐに伸びるようになったのだ。

当時の動物で、この仕様の脚をもつ代表例といえば、恐竜類である。

三畳紀後期にあたる約2億3000万年前、〝最古の恐竜〟としてその名が知られる「エオラプトル（*Eoraptor*）」（**図31**）と「エオドロマエウス（*Eodromaeus*）」が出現した。そして、約2億2300万年前になると「ピサノサウルス（*Pisanosaurus*）」なども出現している。彼らの黎明期を代表する恐竜たちだ。

いずれも、全長1メートルほどの小型である。ちなみに、「全長」とは、「鼻先から尾の先」までの大きさだ。こうした恐竜たちは、腰の高さでいえば、現代の成人の膝の高さとさして変わらない。現代日本でみることができる大型犬のラブラドール・レトリバーとほぼ同程度のサイズ感といえる。

エオラプトルは恐竜類の中で「竜脚形類」というグ

ループに属する。このグループからは、のちに長い首と長い尾をもつ四足歩行の植物食恐竜が出現する。その中には、全長20メートル超という巨大種も珍しくない。

エオドロマエウスは「獣脚類」というグループに属する。このグループには、「ティランノサウルス（*Tyrannosaurus*）」に代表される肉食恐竜が出現する。

ピサノサウルスは「鳥盤類」というグループに分類される。このグループには、「ステゴサウルス（*Stegosaurus*）」や「トリケラトプス（*Triceratops*）」のように、背中に並ぶ大きな骨の板や長いトゲ、ツノやフリルと呼ばれる骨の板などで〝武装〟した恐竜がのちに出現する。

エオラプトル、エオドロマエウス、ピサノサウルスは、それぞれ竜脚形類、獣脚類、鳥盤類の最も原始的な種というわけだ。

これらのグループは、のちの時代には多様な姿の種を生む。

しかし、エオラプトル、エオドロマエウス、ピサノサウルスの〝段階〟で、その多様さを感じることはできない。

いずれも、小さな頭、やや長い首と前脚、そしてスラリとした後ろ脚と尾という姿。歯の形などに注目すれば、見分けることは可能だけれども、一見しただけでは、驚くほどよく似た姿をしていたのである。

さて、この3種に関して注目すべき点は、その脚だ。3種のいずれも後ろ脚が腰からまっすぐ下へとのびており、ペデルペスやオロバテスのような初期の四肢動物の脚のつき方とは大きく異なっていた。

この脚のつき方は、のちの恐竜たちにも引き継がれ、恐竜類と他の爬虫類と区別する重要な特徴の一つとなる。

ただし、「まっすぐ下へ」という脚のつき方は恐竜類の専売特許というわけではない。爬虫類の他のグループや、哺乳類を含む単弓類にも〝採用〟されている。

脚が「まっすぐ下へ」となることで、何が変わったのだろうか？

一つには「楽に前に向けて歩けるようになった」ことが挙げられる。ペデルペスやオロバテスのようなあしのつき方では、胴体を持ち上げるために、多くのエネルギーを消費する。しかし、「まっすぐ下へ」脚を伸ばすことで、そのエネルギーは少なくて済むようになった。加えて、このあしのつき方は、着地時に生じる反発力も歩行に利用できる。

藤原は、「本格的に陸を歩くようになると、骨の要所に筋肉をつけて動かすことが重要になってきます。骨と筋肉を組みあわせることで、力強い動きが制御しやすくなるわけです。『まっすぐ下へ』のびる脚によって、エネルギーを節約しつつも、制御しやすい動きを獲得したのです」と話す。

陸上生態系における生存競争が、さらにアグレッシブになったのだ。

再び海へ

かくして脊椎動物は陸上生活に適したあしを獲得した。その後、樹木へ登ること、物をつかむことなどにもあしが使われることになり、動物たちの生態を多様なものにすることに〝貢献〟していく。

一方、時間の経過とともに、せっかく獲得した〝省エネ性〟を放棄し、再び水中におけるエネルギーが必要な脚（とくに足）になったグループがいくつも出現した。しかし、一度陸上生活に適応した足の骨の組み合わせは基本的に変わっていない。

中生代においては、魚竜類やクビナガリュウ類、モササウルス類といった海棲爬虫類がそれであり、約6600万年前以降の新生代においてはクジラ類がそれである。

こうした二次的に水棲適応したグループでは、指骨が増え、指の関節が増すものもいた。水中では浮力によって重力に抗することができ、それ故に〝省エネ性の脚〟である必要がなくなった。むしろ、水を効率的にかくためには、泳ぐ、漕ぐといった柔軟性の高い足の方が便利である、ということなのだろう。


あしの進化は、動物たちの生態の変化に直結した。

あしに起きた変化によって、動物たちは新たな生態系に進出し、あるいは、既存の生態系を再構築し、その〝世界〟を広げてきたのである。

第4章　飛行

「空」という世界

見上げると、そこにはどこまでも続く青い空が広がっている。

人はその広大な空間に魅せられてきた。

レオナルド・ダ・ヴィンチが残したノートには、すでに飛行機械の構想が描かれている。

アメリカのライト兄弟が「ライトフライヤー号」を完成させ、初飛行に成功したのが１９０３年のことである。

現在では世界中の空を航空便が飛び交い、多くの人々が所有する小型飛行機や、エンジンを搭載したグライダーで飛行を堪能している。近年では、自身は空を飛ばず、カメラを搭載したドローンによる飛行映像を楽しむことも多い。


空の生態系においては、人類は圧倒的な後発組だ。


現在の地球で、空の〝覇権〟は鳥類が握っている。

翼を広げた時、左翼の左端から右翼の右端までの長さ（翼開長）が3メートルを超えるワタリアホウドリ（*Diomedea exulans*）やコンドル（*Vultur gryphus*）をはじめ、私たち現代日本人にとって身近な存在であるスズメまで、鳥類の総種数は９０００種超。これは、現生哺乳類の約2倍以上である。

我々人類が属する哺乳類にも、空を主たる生活圏にしているグループがいる。

彼らは、「翼手類」と呼ばれるコウモリの仲間たちだ。

現生の翼手類は1100種超であり、全哺乳類種数のおよそ4分の1を占めている。この数は、私たちヒトの属する霊長類の約3・1倍にあたり、哺乳類のグループの中では齧歯類（ネズミの仲間）に次いで第2位である。

哺乳類第1位の多様性を誇る齧歯類の中にも、ムササビ（*Petaurista leucogenys*）やモモンガ（*Pteromys momonga*）など飛膜を有し、樹木から樹木への滑空という形で空を利用するものがいる。爬虫類にも空を飛ぶものがいる。トビトカゲ（*Draco*）は肋骨を側方へ展開して翼をつくり、トビヘビの仲間は肋骨を左右に広げることで胴体を平たくして風を受ける。ともに、高いところから低いところへと滑空する。

無脊椎動物において飛行能力をもつグループといえば、昆虫類だろう。鳥類以下、空を飛ぶ脊椎動物にとって、主たる獲物の一つでもある。

75万種超とされる昆虫類においては、翅をもたないものの方が少数派だ。トンボの仲間からカブトムシの仲間、そしてゴキブリの仲間に到るまで、彼らは空を飛び回る。

海、陸に続く、〝第三の生態系〟、「空」。

この章では、飛行能力の獲得に迫る。

生命はいつ、いかにして空へと進出してきたのだろうか。

空への先駆者

動物はいつから空に進出したのだろうか？

実はこの問いに対する明確な答えは、ない。

遅くても35億年前までには出現した〝初期の生命〟の生活場所は、海の中だった。それから30億年以上も生命の物語は海で紡がれた。

遅くても古生代シルル紀（約4億4400万年前〜約4億1900万年前）には節足動物が上陸を始め、遅くても約3億7200万年前の古生代デボン紀後期には、四肢動物による〝上陸作戦〟を展開した。

節足動物をはじめとする無脊椎動物の場合も、脊椎動物の場合も、上陸してすぐに空へ進出したわけではないらしい。少なくとも一定の期間は、地上生態系をそれぞれ〝堪能〟していたとみられている。

まず間違いないと言えるのは、脊椎動物よりも先に無脊椎動物が空へ進出したであろうこと。そして、その無脊椎動物が昆虫類だっただろうということだ。

ただし、昆虫類のからだは基本的に軟組織だけで構成されている。脊椎動物の骨や軟体動物の殻などに相当するような〝化石に残りやすい硬組織〟がない。

これまでにわかっている化石記録からいえば、古生代デボン紀（約4億1900万年前〜約3億5900万年前）には「広義の昆虫類」であるトビムシ類などが出現していた。ただし、彼らは翅をもたないため、跳躍することはできても、飛翔することはできなかった。

翅をもつ「狭義の昆虫類」の化石としては、デボン紀の次の時代である古生代石炭紀の半ば、約3億2500万年前のものが最古だ。この時代、世界各地に大森林が築かれており、陸上における〝立体的な生態系の場〟が整っていた。なお、石炭紀の「石炭」とは、この大森林が化石化したもので、ヨーロッパにおける産業革命を支える燃料となったことにちなむ。地質時代にはさまざまな名前が付いているが、資源名の名は、この石炭紀だけだ。

翅をもつ最古級の昆虫類の名前は、「デリッツスカラ（*Delitzschala*）」と名付けられている。この昆虫類は、翅開長（左の翅の左端から、右の翅の右端までの長さ）が2センチメートル強という小さなものだった。

デリッツスカラは、「ムカシアミバネムシ類」と呼ばれる絶滅したグループに属している。このグループは、のちに登場した「ステノディクティア（*Stenodictya*）」（**図32**）に代表され、〝3対6枚〟の「翅」をもっていたことで知られる。現在の地球に生きる有翅昆虫（翅をもつ昆虫）たちよりも翅が1対多い。

昆虫類の翅がいかにして獲得されたのかについては議論がある。2012年に刊行された『進化学事典』（日本進化学会編集：共立出版）では、

1：水棲昆虫の鰓が発達した

2：背側の体壁の一部が突出して変化した

3：分岐のある付属肢の背側が発達した

という三つの仮説を紹介し、3の仮説が有力である、とまとめている。また、2019年には、

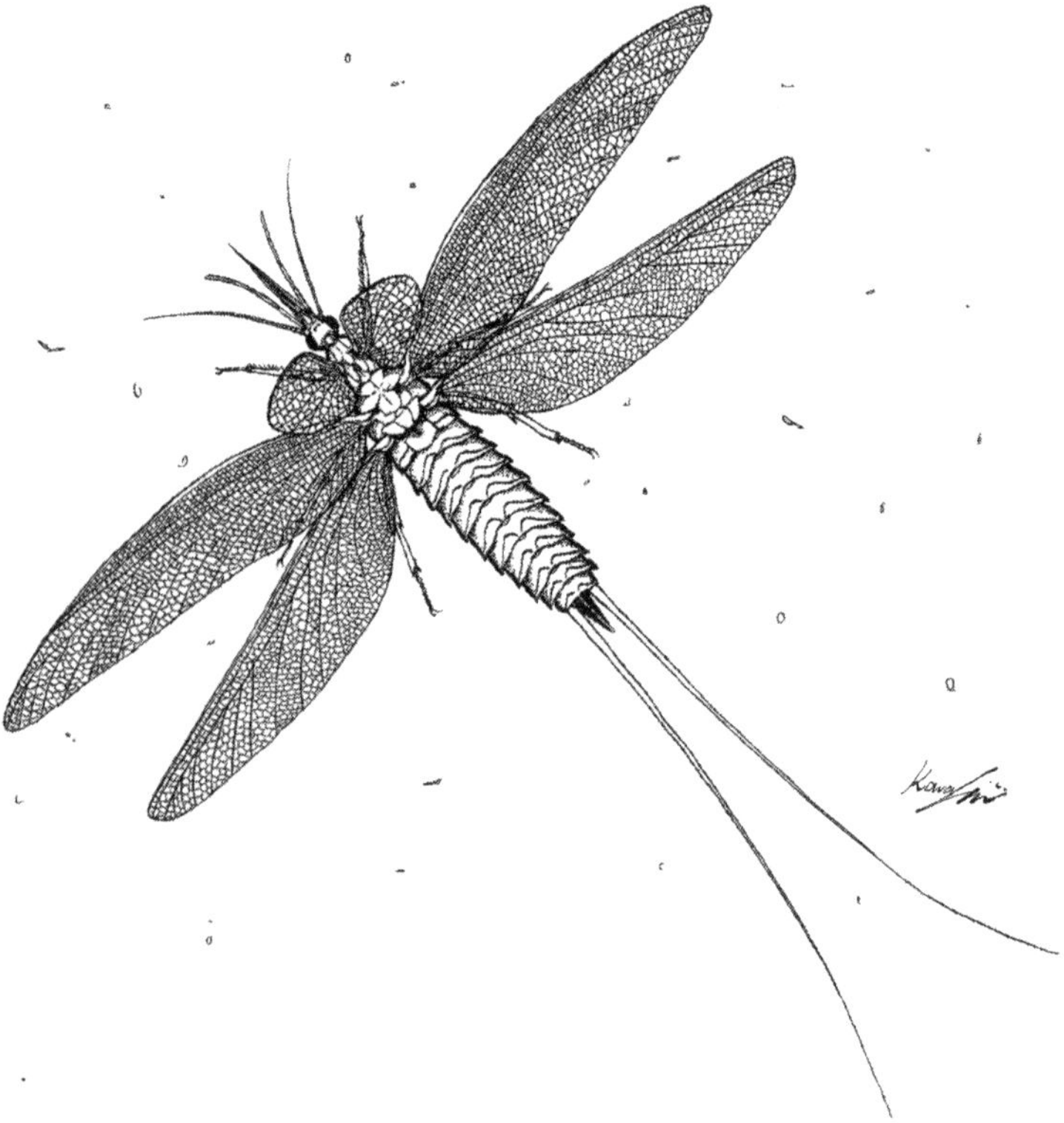

Stenodictya lobata Blongniart, 1890

図 32　ムカシアミバネムシ

イエナ大学（ドイツ）のベンジャミン・ウィンプラーたちによって、胸部の背板が拡張して〝滑空器〟となり、やがて翅になったという説が発表されている。

知られている限り最も古い有翅昆虫の化石はムカシアミバネムシ類のものだけれども、ほぼ同時期の石炭紀後期には多種多様な有翅昆虫が存在していたことがわかっている。

生物はゆっくりと多様性を増やしていく、という〝進化の原則〟に立てば、石炭紀半ばに初めて有翅昆虫が現れ、いきなり多様化したとは考えにくい。

そこで、石炭紀前期には有翅昆虫はすでに存在し、少しずつ多様性を増やしていたとみられているが……これまでに知られている各地の石炭紀前期の地層には、昆虫類の化石を残すことができるような保存状態をもつ地層がない。

そのため、「有翅昆虫は、いつ出現したのか」という謎を解く手がかりに欠けている。おそらくデボン紀のうちに有翅昆虫は登場したとみられているが、定かではない。

その最初期の種がどのような姿だったのかということとあわせて、謎に包まれている。

もっとも、「空の先駆者」として得た〝アドバンテージ〟については、確かだ。

なにしろ、当時の空には、昆虫類の天敵である鳥類はいなかった。その他の脊椎動物もいない。彼らはまだ地べたを〝這って〟いた。天敵不在の空の生態系で（もちろん、昆虫類内の生存競争はあっただろうが）、彼らは大いに繁栄した。

石炭紀の間に昆虫類の多様化は急速に進み、その後もその先駆者たるアドバンテージを生かして、昆虫類は順調に種数を増やしつづけた。

昆虫類の現生種数は、既知の全生物種の過半数を超える。

前翼竜時代

昆虫類を追うように、脊椎動物も空の生態系への進出を開始する。

例えば、「コエルロサウラヴス（*Coelurosauravus*）」だ（**図33**）。全長60センチメートルほど。初期の飛行性脊椎動物の代表的な存在とされる。昆虫たちが栄えた石炭紀の次の時代にあたる古生代ペルム紀（約2億9900万年前～約2億5200万年前）に出現した。その化石は、ドイツとマダガスカルから報告がある。

コエルロサウラヴスは、一見するとトカゲのような姿の爬虫類である。ただし、左右それぞれの脇の後ろ付近と胴体に、少なくとも23本の細い骨があった。この骨の一端はからだにつき、骨と骨の間には皮膜があったとされる。

つまり、これらの骨を側方向へ動かすことで、翼をつくることができた。現生種のトビトカゲの仲間と似ている。トビトカゲは長い肋骨をもち、必要に応じてその肋骨を左右に広げることで翼をつくって空を飛ぶのだ。

もっとも、あくまでも「似ている」であって、「同じ」ではない。コエルロサウラヴスの骨は肋骨とは関係のない独自の骨とみられている。両者は、似て非なるものなのだ。

コエルロサウラヴスの翼は、その構造上、羽ばたくことができない。そのため、基本的には高い場所から低い場所へと「滑空」することに使われていたとみられている。その際、長く伸びた

図 33 コエルロサウラヴス

尾は、姿勢を安定させることに一役買ったとされる。

フランスの国立自然史博物館のセバスチャン・ステイヤーは、2012年に発表した著書の中でコエルロサウラヴスがその翼を飛行に使っていたことを認めつつ、翼を広げて日光浴をすれば、効率的に体温を上げることができた可能性にも言及してる。

一つの形態がもつ機能が、一つだけではなかったのかもしれない、というわけだ。

コエルロサウラヴス以降、こうした滑空性の脊椎動物は複数種登場した。

しかし、あくまでも「複数種」のレベルであり、多様性は高くなかった。〝最初の飛行脊椎動物〟として、繁栄を謳歌することはなかったのである。

翼竜類登場

脊椎動物が本格的に制空権を握るようになったのは、中生代三畳紀（約2億5100万年前〜約2億100万年前）になってからだ。いわゆる「恐竜時代」の話である。

三畳紀は、コエルロサウラヴスが登場したペルム紀の次の地質時代である。ペルム紀をもって、2億8900万年間にわたって続いた古生代は終わり、三畳紀から中生代へと移った。この時代、恐竜類だけではなく、多くの爬虫類が登場し、生態系の上位に君臨した。水中では、イルカのような姿をした魚竜類やクビナガリュウ類など。地上では恐竜類。そして空には、翼竜類の登場である。

翼竜類は、恐竜類の出現と前後するタイミングで登場した。

ちなみに、翼竜類は「竜」という文字を使っているけれども、恐竜類とは別のグループである。アルゼンチン自然科学博物館（ベルナルディーノ・リバダビア）のマーティン・D・エズクラたちが2020年に発表した研究によると、その祖先は「ラゲルペトン類」と呼ばれる小型爬虫類のグループだったらしい。

ラゲルペトン類は恐竜類に近縁であり、二足歩行を行っていた。翼はもっていなかったとみられているが、エズクラたちの分析では、のちの翼竜類と共通する特徴を脳構造などにもっていたという。

翼竜類の翼は、皮膜を腕と長くのびた薬指、そして胴体と後肢で支えることでつくられている。知られている限り最も古い翼竜類の翼開長は、1メートルほど。頭部は小さく、長い尾をもっていた。

翼竜類はその後、多様性を次第に増していき、大型種が増えていく。進化型の翼竜類は大型種が多い。そして、大型種には大きな頭部に短い尾をもつという特徴がある。

小型の翼竜類は、細く鋭い歯を備えているものが多い。獲物となったのは、魚やイカなどだ。翼竜類の化石の腹の部分から硬骨魚類の鱗の化石がみつかったり、イカのような頭足類のからだに刺さった翼竜類の歯の化石がみつかったりしている。

もちろん、昆虫類も彼らの餌となっていたことは想像に難くない。

基本的に翼竜類は、陸に棲む動物だ。彼らの化石のどこを確認しても、水棲だったという証拠はない。

しかし、空へ進出したことにより、水棲動物を狩ることも可能となった。自身が泳げなくとも、上空から狙えば良いのだ。生活圏は陸域の上空だけではなく、水域の上空にも広がった。

また、とくに三畳紀の次の次の時代にあたる白亜紀（約1億4500万年前〜約6600万年前）のアメリカに出現した翼開長6メートル超の大型翼竜、プテラノドン（*Pteranodon*）は、かなり沖合まで飛ぶことができたとみられている（**図34**）。沖合でできた地層からその化石が発見されているからだ。

翼竜類は風を上手に捕まえながら、その生活圏を広げていったのである。

なお、白亜紀も終盤が近づくと、翼開長10メートルを超えるような、超大型の翼竜類も登場した。超大型種が空を飛べたかどうかは議論があり、空を飛ばず、地上で中型〜大型の捕食者として活動していたのではないか、という仮説もある。

この仮説が正しいのであれば、翼竜類の生活圏は、陸域の上空、水域の上空に加えて、地上も含まれていたことになる。

ただし、翼竜類の骨は中空構造になっており、壊れやすい。発見されている化石も少なく、飛行能力の有無を含めて、多くの謎が残されている。

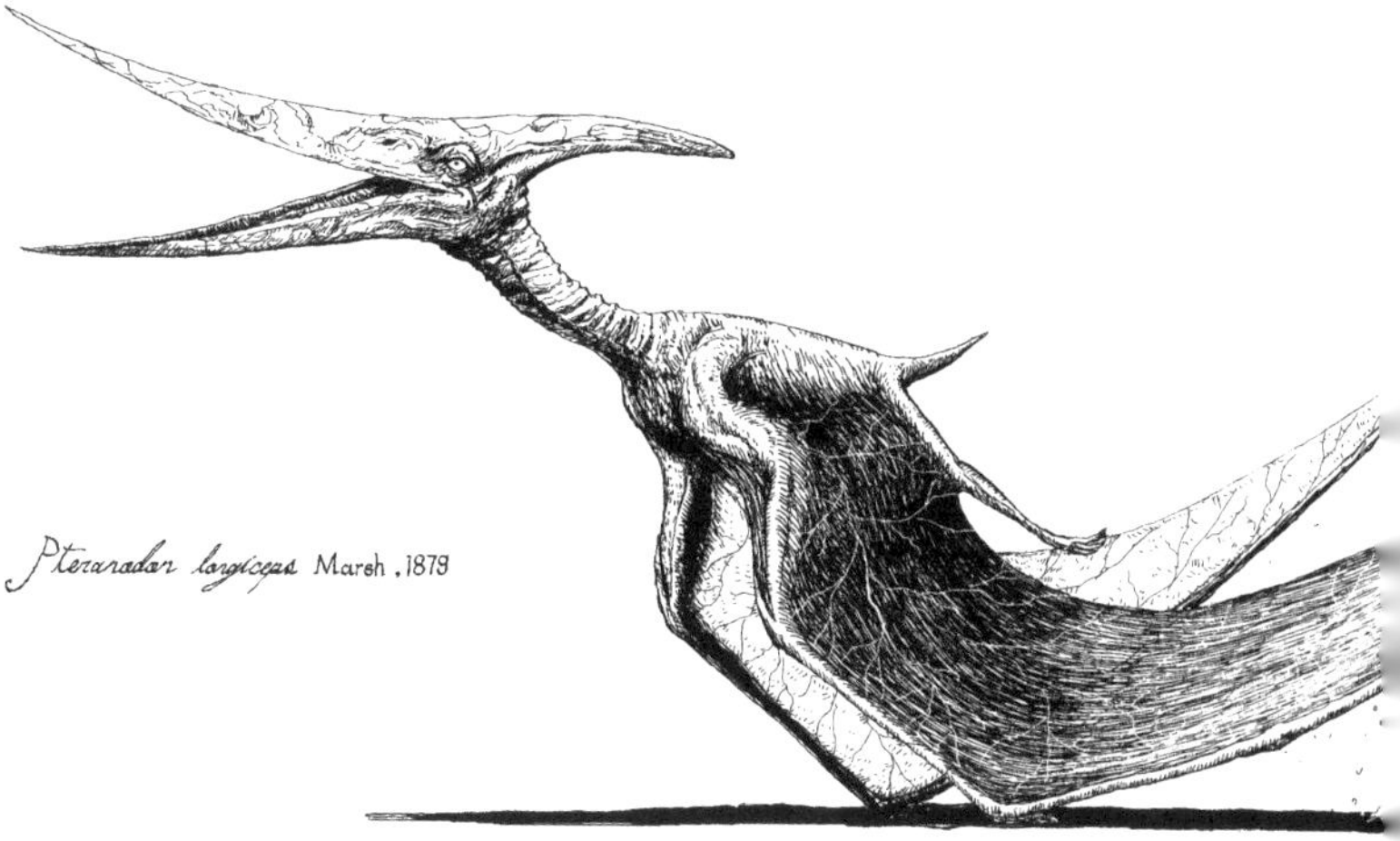

図 34　プテラノドン

鳥類登場

現在では、「鳥類は恐竜類から進化した」とする説は、〝定説〟となっている。より正確に書けば、「鳥類は恐竜類の中の1グループ」であり、現在の地球で空を我が物顔で飛び交う彼らは、恐竜類の生き残りなのだ。

鳥類がいつ、どのようにして空を飛び始めたのかは、今なお、議論がある。遅くとも中生代白亜紀には、鳥類は〝ごく普通に〟空で生活するようになっていた。

コエルロサウラヴスなどの初期の飛翔性爬虫類や翼竜類と比べると、鳥類の翼は大きく異なっている。コエルロサウラヴスや翼竜類の翼が皮膜製であることに対し、鳥類の翼は羽根で構成されている。腕に密集した羽根でできた翼を羽ばたかせることで、鳥類は空を飛ぶのである。

鳥類の台頭は、生態系にいくつもの変化を

もたらした。

その一つは、プテラノドンなどの翼竜類への影響である。

鳥類の台頭時期と、翼竜類の小型種の減少時期がほぼ重複しており、このことから鳥類と小型の翼竜類の間に生態的地位をめぐった生存競争が勃発したのではないか、という指摘がある。

また、彼らの獲物にも変化が出た。これは、正しくは「変化が出なかった」と書くべきかもしれない。獲物である昆虫類への影響である。

石炭紀に繁栄した昆虫類には、ステノディクティアやメガネウラのように翅開長数十センチメートルという大型種が多数確認されている。

こうした大型種が存在できた理由の一つとして、当時の大気における酸素濃度が高かったことが挙げられている。酸素濃度が高ければ動物の代謝速度が上がり、成長が促進される。また、酸素濃度が高い空気の方が、低い空気よりも〝浮力〟を得やすい。運動のためのエネルギーも得やすい。その他、酸素の毒性を相対的に減らすため、幼虫が巨大化していったという考えもある。

実は、白亜紀の開幕直前にあたるジュラ紀末（約1億5000万年前）にも酸素濃度が高い時期があり、環境としては昆虫類が大型化する条件が揃っていた。

しかし、ジュラ紀末の昆虫類に大型化は確認されていない。

その理由として、アメリカのカリフォルニア大学に所属するマシュー・E・クラファムとジャレッド・A・カールは、当時台頭しつつあった鳥類の影響があると2012年に指摘している。

小回りのきく飛翔性脊椎動物の登場は、昆虫類にとって大きな脅威だったのだ。

その後、白亜紀末に大量絶滅事件が勃発し、翼竜類は姿を消した。

このとき、鳥類も大打撃を被った。しかし、辛くも生き延びることに成功する。その後、制空権は鳥類が握ることとなり、彼らは空前の繁栄を築くことになるのだ。現生の鳥類の種数は、約9700種。これは、同じく現生の哺乳類の2・3倍に相当する。

そして、哺乳類も空へ

遅くてもジュラ紀には、哺乳類にも滑空できる種が登場していた。

しかしそのグループは中生代末までに絶滅し、現在の地球では見ることができない。現生種につながる哺乳類が本格的に空へ進出したのは、中生代が終わり、新生代古第三紀（約6600万年前〜約2300万年前）になってからだ。

古第三紀になってから1000万年と少しの時間が経過したとき、翼手類、つまり、コウモリの仲間が出現したのである。

知られている限り最も古い翼手類の化石は、アメリカから発見されている。頭胴長10センチメートルほどの「オニコニクテリス（*Onychonycteris*）」と、ほぼ同じサイズの「イカロニクテリス（*Icaronycteris*）」である（**図35**）。

オニコニクテリスもイカロニクテリスも、すでに現生の翼手類と変わらぬ姿をしている。指が細長く発達し、そこに皮膜があったとみられる。

この2種類のコウモリのうち、オニコニクテリスの方がより原始的という見方がある。その理

図 35 オニコニクテリス

由は、耳の構造だ。エコーロケーション（反響定位）に対応していないとされている。

エコーロケーションは、翼手類の中でも小型コウモリ類（文字通り、小型のコウモリたちが分類されるグループ）のもつ〝遠隔検知能力〟で、超音波を発し、その反響をとらえることで周囲のようすを探ることができる。

現生の翼手類と変わらぬ姿をもつオニコニクテリスがエコーロケーションをもっていなかったという事実は、翼手類がその進化においてまず飛行能力を獲得し、その後にエコーロケーションを獲得した可能性が高いことを示唆している。

エコーロケーションは、飛行動物としての鳥類との大きなちがいでもある。

エコーロケーションができるということは、自分の眼に頼る飛行、さらにいえば、日中の飛行をしなくても良いことを意味している。

大部分の鳥類が昼行性であることに対し、多くの小型のコウモリ類は夜行性だ。このことは、鳥類と小型のコウモリ類はともに昆虫、果実などを主食とする競合相手でありながらも、活動時間帯が異なること（生態的な地位を共同利用していること）になる。エコーロケーションによって、〝後発組〟である翼手類は、〝先発組〟である鳥類との生態的な棲み分けに成功したのだ。結果として、現生の翼手類はその多様性に加え、広い生活圏も手にしている。彼らは、南極大陸以外のすべての大陸に進出することに成功しているのである。

長い進化の果てに、制空権を手にした鳥類は空前の繁栄を手に入れ、哺乳類の中でも翼手類は大きな栄華を勝ち取った。

昆虫類に始まる〝空の生存競争〟は、圧倒的な多様性と個体数を誇る昆虫類と、昆虫類を狩る鳥類と翼手類の支配する生態系へと変わってきたのである。

【コラム】 体温維持機能が繁栄のきっかけに？

翼をもつ鳥類だからといって、その翼が飛行に使われるとは限らない。例えば、飛べない鳥であるペンギン類の翼は、遊泳時に用いられている。まるで魚のひれのように翼を動かしながら、ペンギン類は水中を優雅に高速で泳ぐ。

ペンギン類といえば、現在では、主に〝冷たい海〟を生息地とする。南極大陸などに生息し、氷の浮かぶ海に飛び込んで獲物を狩る。

いかに内温性であるとはいえ、彼らはどうやって、体温を維持しているのだろうか？

実は、初期のペンギン類は、けっして〝冷たい海の専門家〟ではなかった。

初期のペンギン類は、約６１００万年前までに出現した。この数値は、恐竜類の絶滅で知られる中生代白亜紀末の大量絶滅事件から、５００万年しか経過していないことを意味している。人類などよりもよほど古い歴史だ。

そして、遅くても約４９００万年前ごろまでに、ペンギン類はある〝機能〟を翼のつけ根に獲得していたことが、オタゴ大学（ニュージーランド）のダニエル・Ｂ・トーマスたちによって、２０１１年に報告されている。

それは、南極から化石が発見された「デルフィノルニス（*Delphinornis*）」などのペンギン類にあった。なお、デルフィノルニスなどは「小型である」という以外は不明で、全身像の復元には至ってない。

このとき、トーマスたちが、デルフィノルニスなどの南極のペンギン類の化石（上腕骨）に確認したのは、「上腕動脈網」の痕跡だ。

この上腕動脈網こそが、ペンギン類の寒冷海域の遊泳を可能とするしくみである。翼の付け根に位置し、心臓に戻る前の血液を温める役割を担うのだ。

トーマスたちによれば、上腕動脈網は最初期のペンギン類にはなかった。

また、デルフィノルニスたちが生きていた海がとりわけ寒かったというわけではない。むしろ、当時の気候は温暖で、南極大陸には緑さえあった。

上腕動脈網は、温暖な時期に獲得された〝体温維持機能〟なのだ。当時は、長時間の水泳の体温維持などに役立っていた可能性が指摘されている。

のちに、地球の気候が寒冷化に向かうと、この〝体温維持機能〟は、寒冷水域で大いに役立つことになる。

第5章 愛情

波の音だけが聞こえる夜の浜辺。

そこでは、一匹のウミガメが産卵を行なっていた。

自分で掘った、さして深くない穴に、一つ、また一つ、小さな卵を産んでいく。

その頬を、一筋の涙が流れている。

出産の痛みに耐える涙なのか。

孵化まで見届けずにその場を去るしかない自分の不甲斐なさを嘆いているのか。

それとも、これから子たちが経験するであろう過酷な運命を悲観しているのか。

出産に涙するウミガメ。

その光景は、直接見たことはなくても、テレビなどで多くの人々が知るところだろう。

筆者自身もウミガメの産卵シーンを直接見たことがあるわけではないし、ましてやウミガメ自身にインタビューをしたことがあるわけではないので断言することはできないが……一つだけ、事実として書くことができる。

それは、「ウミガメは、そもそも四六時中涙を流す生き物」ということだ。「出産時だけ涙を流す」というわけではない。

ウミガメの仲間は海中を生活圏としているため、どうしても体内が塩分過多の状態になってしまう。そこで、涙と一緒に体内の塩分を排出することで、体内の塩分濃度を調整しているのである。そのため、ウミガメの仲間は、リクガメの仲間と比べて大きな涙腺をもっているのだ。

さて、前置きが長くなった。

本書も終盤が近い。最終章のテーマは「愛情」だ。

ウミガメの涙は、その一例として紹介した。

ウミガメの涙は母の愛の象徴のようにあつかわれることもある。

しかし現実には、その涙は〝メカニズム〟であり、愛が介在する余地はない。さらに書いてしまえば、人間同士でさえ、愛情の有無や深さなどを把握し、その意味に迫ることは難題である。

そんな難題に「化石」を手がかりとする古生物学は迫ることができるのだろうか？

この章では、とくに「交接」「出産」「家族」「求愛」を軸に生命史にせまる。もっとも、章題を「愛情」としたものの、ここであげた行為等に愛情があったのかどうかは検証する術がない。しかし、「なかった」と証明することも難しい。

そして、こうした〝愛情に属するとされるもの〟〝愛情に関するとされるもの〟の変化が生命の歴史に何らかの影響を与えてきたことは、確かだ。

その変化と影響が、この章の狙うべき的である。

ちなみに、ウミガメの涙の話について、古生物学の立ち位置から情報を補完しておこう。

生きている姿を観察することができない古生物において、そのカメが「本格的に海洋生活に適応していたか否か」を判断する際、「涙腺の大きさ」が一つの指標となる。

頭骨を調べ、涙腺のスペースの大きさをもって、そのカメがウミガメであったかどうかを議論するわけだ。

たとえば、今から約1億1300万年前の中生代白亜紀前期のブラジルにいたサンタナケリス（*Santanachelys*）というカメは、大きな涙腺をもつ最古級のウミガメとして知られている。涙を流していた可能性が指摘されている。

雌雄差はいつから〝ある〟のか？

生命の歴史において〝愛情に属するとされるもの〟〝愛情に関するとされるもの〟にせまる最初の手がかりは、その種の雌雄を知ることだ。

しかし、化石しか手がかりのない古生物の世界では、「雄」と「雌」を区別することは難しい。より具体的に言えば、とくに雄の判別が難しい。

雌は胎内に子もしくは卵がある化石をみつければ、その個体が雌であるとわかる。

しかし、雄の生殖器は軟組織（筋肉や内臓といった軟らかい組織）でつくられているものがほとんどだ。硬組織（骨や殻など）と比べると、化石として残りにくい。そのため、化石を見たときに、雄と、妊娠していない雌の差を見分けることは困難なのだ。

もちろん、例外もある。

たとえば、イヌの仲間などの雄は、「陰茎骨」をもっている。これは「ペニスの骨」だ。したがって、この陰茎骨の化石が確認できれば、その個体は雄とわかる。

ほかにも、一定以上の個体数（化石数）が発見されている種に関しては、そのからだの大きさが、２パターンに分かれるかどうかに注目する方法がある。現生の動物に注目すると、雌雄で体格差があるものは少なくない。たとえば、ある種のカモメは雄が雌よりからだが大きいことが知られており、ある種のフクロウは雌が雄よりも大きいことが知られている。こうした雌雄の体格差に注目して、雄と雌を特定しようというのである。

ブラックヒルズ地質学研究所（アメリカ）のピーター・ラーソンは、大型の肉食恐竜、「ティランノサウルス・レックス（*Tyrannosaurs rex*）」の25標本に注目し、それらを「がっしり型」と「ほっそり型」に分けることができることを２００８年に指摘している。そして、「がっしり型」が骨盤が広いことに注目して、「がっしり型」が雌、「ほっそり型」が雄ではないかと述べた。骨盤が広い理由は、卵を産むためのつくりと考えたのだ。

ティランノサウルスに関しては、ノースカロライナ州立大学（アメリカ）のマリー・H・シュワイツァーや新潟大学の杉山稔恵たちが、一部の個体に「骨髄骨」があることを、２０１５年に報告している。骨髄骨は、卵をつくる際にカルシウムの供給源となる骨のことだ。当然、このつくりは、その個体が雌であることを示唆している。

このように、さまざまな証拠から、古生物の性差に迫ることはできる。

しかし、こうした手がかりがある例は決して多くはない。

さらに、陰茎骨があるものが雄であるとわかったとしても、脊椎動物全体を見渡せば、陰茎骨をもつ種はほんのわずかだ。それに、化石となり、化石が発見されるまでの過程で陰茎骨が失われてしまえば、性別特定の決定打を欠くことになる。

ティランノサウルスの体格差に関しては、25標本という数がそもそも不十分とみなされる可能性が高い。たしかに、同種の恐竜を25個体分といえば、けっして少ない数ではない。しかし、動物には、同じ種の雌雄差以前に、年齢差をはじめとする「個体差」がある。その個体差を乗り越えて性別を特定するには、標本数が心許ない。

骨髄骨に関しては、これが卵に関する特徴である以上、「確認されれば雌」であることはわかる。しかし、〝妊娠〟前の雌（つまり、骨髄骨がまだできていない雌）と雄を識別する手段にはならない。

そもそも雌雄で著しく姿や大きさが異なる場合は、本来は同種であっても、化石のみから判断した結果、別種として認識されているものもあると思われるからだ。

化石で性を特定することは難しい。

そんな状況下で、それでも化石で区別できた雌雄は、どのくらいまで遡ることができるのだろう。とくに〝雄とはっきりとわかる個体の記録〟は、いつから〝はじまる〟のだろうか？

今のところ、「最古の雄化石」と知られているのは、２００３年にレスター大学（イギリス）のデイヴィッド・J・シベターたちが報告した「コリンボサトン（*Colymbosathon*）」である（**図**

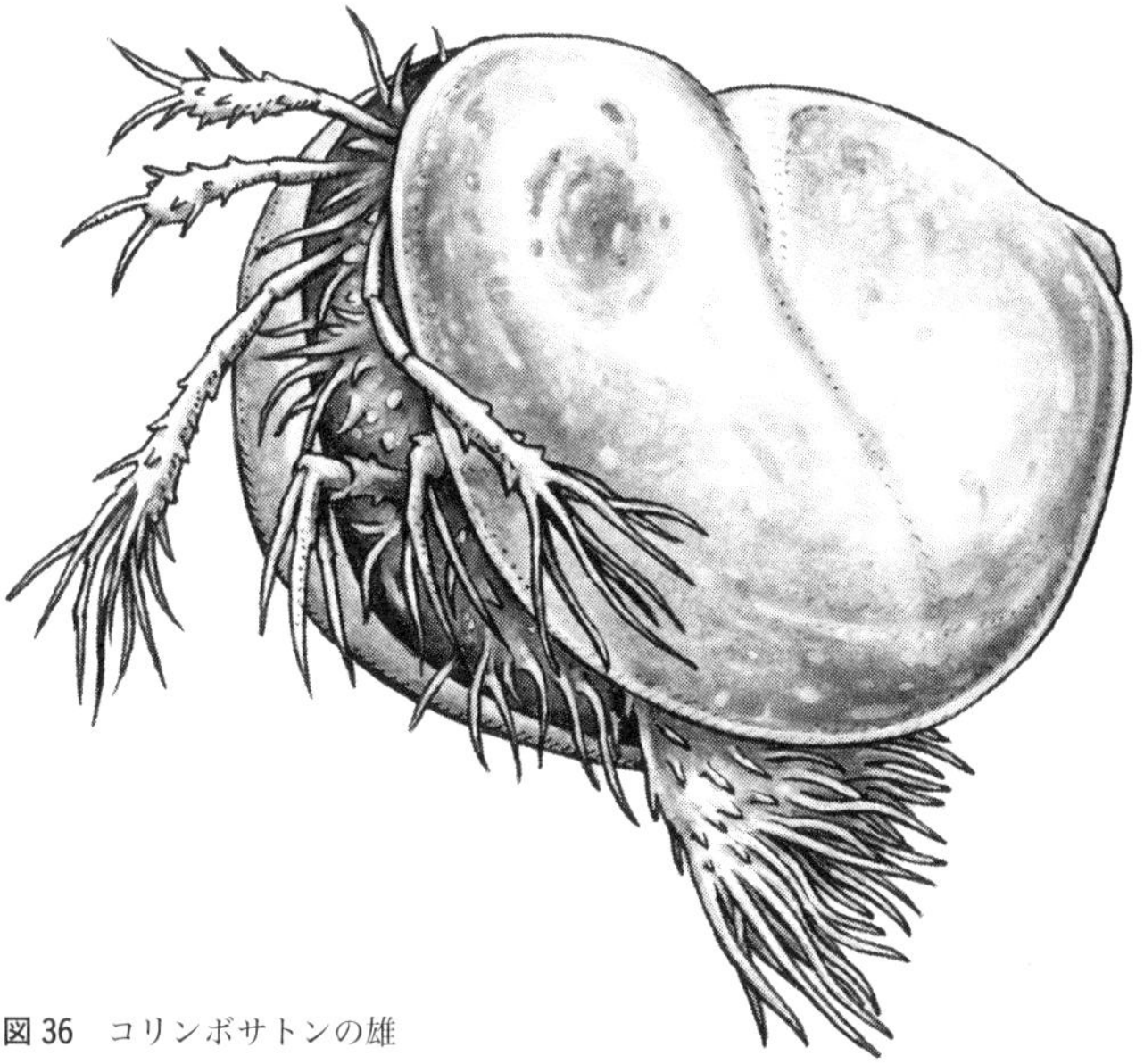

図 36　コリンボサトンの雄

36）。コリンボサトンは、現生種も存在するオストラコーダ（介形虫類）に属する微生物だ。大きさは全長5ミリメートルほど。

オストラコーダは、2枚の硬い殻をもつ甲殻類（節足動物）だ。基本的にこの硬い殻だけが化石として残り、生殖器をはじめとする軟組織は残らない。

しかし、イギリスのヘレフォードシャー地域に分布する約4億2500万年前（古生代シルル紀）の地層から産する化石は、軟組織が確認できることで知られ、コリンボサトンにおいては、雄の生殖器が確認できたのだ。

もちろん、これは「確認できる記録」であり、それよりも以前に「化石が発見されていないだけの雄」がいたことは疑いない。

しかし、現時点において「最古の雄」のタイトルホルダーは、この小さな動物となっている。

ちなみに、雌として確認できるものは、さらに古い。たとえば、ヘレフォードシャー地域よりさらに2000万年以上古いアメリカ、ニューヨーク州の古生代オルドビス紀の地層からは、卵をもった三葉虫類の化石が2017年に報告されている。

体内受精のはじまりと陸上生活の関係

ここから先は、私たちにとって最も身近な動物群であり、私たち自身を含む「脊椎動物」に的を絞って話を進めていこう。

私たち哺乳類は、子をつくるときに体内受精を行う。雄の生殖器を雌の生殖器に挿入し、精子を雌雄の体外に出すことなく、受け渡す。

精子は乾燥に弱い。乾燥した環境下における長時間の生存は、絶望的だ。

そのため、一般的には、体内受精は陸棲動物に必要な〝機能〟とされる。体内から体内に受け渡されるのであれば、体外の乾燥を〝心配する〟必要はない。

言い換えれば、体内受精は、脊椎動物が水辺から離れた内陸で活動することに大きな役割を果たしているということになる。実際、現在の地球で内陸活動を展開する哺乳類、鳥類、爬虫類は、いずれも体内受精を行って子孫を残す。

ただし、体内受精がこうした動物グループの専売特許であるかというとそうではない。たとえば、両生類だ。

いわゆる教科書的な知識で言えば、両生類は雌が水中で卵を産み、その卵に雄が精子をかける体外受精を行い、卵から孵化したのちの幼体時は水中で生活する……と記憶されているかもしれない。

しかし実際には、現生の両生類は、体外受精を行う種ばかりではない。体内受精を行う種も存在する。

現生の両生類は、イモリの仲間である有尾類、アシナシイモリの仲間である無足類、カエルの仲間である無尾類の3グループに分類される。

このうち、体外受精を行うのは無尾類と、有尾類のうちのサンショウウオの仲間とオオサンショウウオの仲間だけだ。

有尾類の中でもイモリの仲間や、無足類は体内受精を行うのである。

体内受精を行う両生類のグループは、陸上生活と関係ないのだろうか？

結論からいえば、体内受精と陸上生活は関係がある。

体内受精を行う両生類には、爬虫類などと同じように、陸上に卵を産み、幼体も陸上で暮らす種や、哺乳類のように、雌が体内で子を育てる種もいる。

こうして例を挙げると、体内受精を行うことは、やはり陸上進出に欠かせない要素のようにみえる。

しかし、体内受精を行っていても、陸とは関係ない一生を送るグループもある。

つまり、「逆も真なり」ではない。

その代表例が、軟骨魚類である。

軟骨魚類はサメ類に代表される。もちろん、その一生を通じて陸上生活を行うことはない。

しかし、軟骨魚類の雄は「クラスパー」と呼ばれる一対の生殖器を有し、それを雌の総排出腔に挿入して精子を送りこむ体内受精を行う。多くの軟骨魚類は、卵ではなく子を直接産む胎生だ（正確には、軟骨魚類のそれは「卵胎生」と呼ばれ、哺乳類の胎生とまったく同じというわけではない）。

そして、魚の仲間における体内受精と胎生の歴史は古い。スコットランドや中国などに分布する古生代デボン紀中期（約3億8800万年前）の地層からみつかっている、「ミクロブラキウス（*Microbrachius*）」が体内受精をしていたとみられているのだ（図37）。

ミクロブラキウスは、「板皮類」と呼ばれる絶滅グループの一員である。その頭部と胸部を〝骨の甲冑〟で覆っていた。さらにカニのあしのような形の胸びれも特徴とする。

2014年にフリンダース大学（オーストラリア）の「ジョン・A・ロングたちが発表した研究で、ミクロブラキウスの化石には2種類あり、そのうちの1種類がクラスパーをもっているとみなされることが指摘された。つまり、ミクロブラキウスは、体内受精を行っていたというのである。

これが、現在までに確認されている脊椎動物の「最古の体内受精の記録」とされる。

ミクロブラキウスの属する板皮類は、古生代デボン紀（約4億1900万年前〜約3億5900万年前）に大繁栄した。

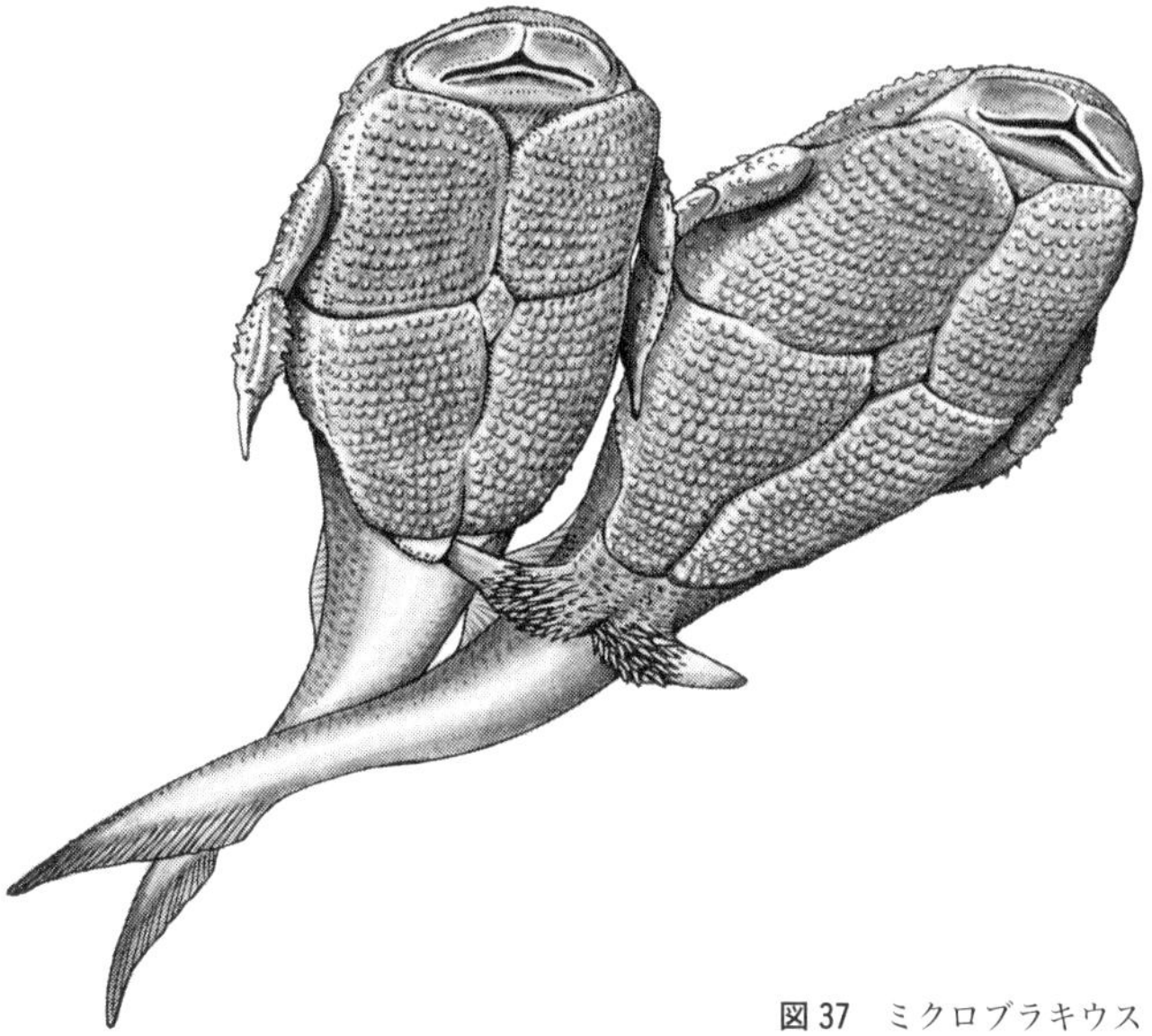

図37　ミクロブラキウス

その結果、多くの化石が発見されているが、さまざまな面でまだ謎が多いグループでもある。

胎児をもった種も報告されており、ミクロブラキウスだけではなく、このグループ全体、あるいはグループのほとんどの種が体内受精を行なっていた可能性も指摘されている。胎児を有するということは胎生であり、胎生であるからには体内受精だったと考えられるからだ。ただし、体内受精が板皮類の繁栄にどのように関係していたかは、定かではない。

こうしてみると、体内受精は遅くても約3億8800万年前には獲得されていた可能性があるものの、必ずしも陸上進出とは関係していなかったことがわかる。

体内受精は陸上生活には必要な〝機能〟だ。しかし、体内受精は陸上生活のために獲得されたものではない。体内受精を行うからといって、陸上生活をしている（していた）わけではない。つまり、「逆も真なり」ではないのである。

進化のポイントは、何かのために〝機能〟を獲得するのではなく、獲得された〝機能〟が結果として、次世代に残ることにある。

よく言われる例としては、キリン（*Giraffa camelopardalis*）の首は、高いものを取るために獲得されたものではない。あくまでも、長い首をもつ祖先種が生き残った結果、現在につながっているだけだ。

体内受精も、陸上生活のために獲得されたものではないことは、ミクロブラキウスの存在や、現生の軟骨魚類が証明している。

さらにいえば、とくに内陸での活動に際しては、体内受精だけでは〝たりなかった〟のである。

殻を得て、生活圏は内陸へと広がっていく

内陸で活動する脊椎動物は、繁殖に関して体内受精の他にどのような〝機能〟を獲得しているのだろうか？

生命史を遡れば、脊椎動物は遅くてもデボン紀後期の約３億７０００万年前までには〝上陸作戦〟を開始したものの、その初期段階の生活圏は水辺に限定されていたとみられている。最初期の陸上脊椎動物であるイクチオステガは、陸上よりも水中を生活の軸としていた可能性があるし、

その後に出現した最初期の〝陸上歩行脊椎動物〟であるペデルペスも水辺から離れて、乾燥した内陸へ進出できたとは考えられていない（103ページ参照）。

初期の四肢動物が水辺を離れられなかったその理由は、体内受精というよりは、その「卵」が原因だった。

卵もまた乾燥に弱いのである。

食卓に並ぶイクラの卵、あるいは、春になると水田や小川に見ることができるカエルの卵を思い起こしてほしい。これらのプチプチの卵は、その形を見るだけで対（耐）乾燥性能に優れていないことが明らかだろう。もしも疑問に思うのなら、イクラを買ってきて、瓶などから取り出し、ラップなどをかけずに一昼夜、乾燥した室内に放置してみるといいかもしれない。……モッタイナイので、あまりおすすめできないが。

脊椎動物が内陸に進出するにあたり、一つの鍵となったのが、卵の〝改良〟だった。

脊椎動物の内陸進出を可能としたその卵を「羊膜卵」と呼ぶ。

羊膜卵は文字通り「羊膜」をもつ卵のことだ。この膜の中は、羊水で満たされており、胚はこの羊水の中で育つ。そして、羊水の蒸発を防ぐための膜ないし、殻を備えている。

殻を備えた羊膜卵の獲得で、脊椎動物は水辺を離れた場所でも卵を産むことができるようになり、活動域を内陸へと広げることにつながった。乾燥地域で繁殖ができるようになったのだ。

羊膜卵をもつ動物たちをまとめて「有羊膜類」あるいは「羊膜類」と呼び、現生の動物グループでは、爬虫類、鳥類、哺乳類がこれにあたる。ほとんどの現生哺乳類は卵ではなく、雌が体内で子を育てる胎生ではあるが、その胎児は羊水の中で育つものであり、また、そもそも胎生を獲得した時期はずっとのちのことであるとみられている。

生命史上、最も初期の有羊膜類とされるのは、約3億1000万年前の石炭紀後期にカナダの森林に生息していた「ヒロノムス（*Hylonomus*）」だ（**図38**）。

ヒロノムスは、全長30センチメートルほどの爬虫類で、その姿は現生のトカゲの仲間にそっくりである。ちなみに、有羊膜類と分類されるが、それは主として骨学的な特徴によるもので、実はヒロノムスの卵の化石や胚の化石がみつかっているわけではない。

全長30センチメートルという大きさでは、現在の森林では鳥類をはじめとする天敵におびえながら暮らすほかない。

しかし、石炭紀後期という時代においては、事情が異なる。とくに内陸においては、全長30センチメートルの爬虫類を脅かすものはほとんど存在していなかった。そこは文字通りの「別天地」。天敵不在の環境下で、このトカゲ似の動物たちは大いに我が世の春を謳歌し、そして次代の子孫を残すことになる。

体内受精と羊膜卵。

この二つが揃ってこそ、脊椎動物は陸上世界に本格進出することが可能となったのだ。

つがいで眠る〝我らの親戚〟

脊椎動物は、いったいいつから、群れをつくるようになったのだろうか？

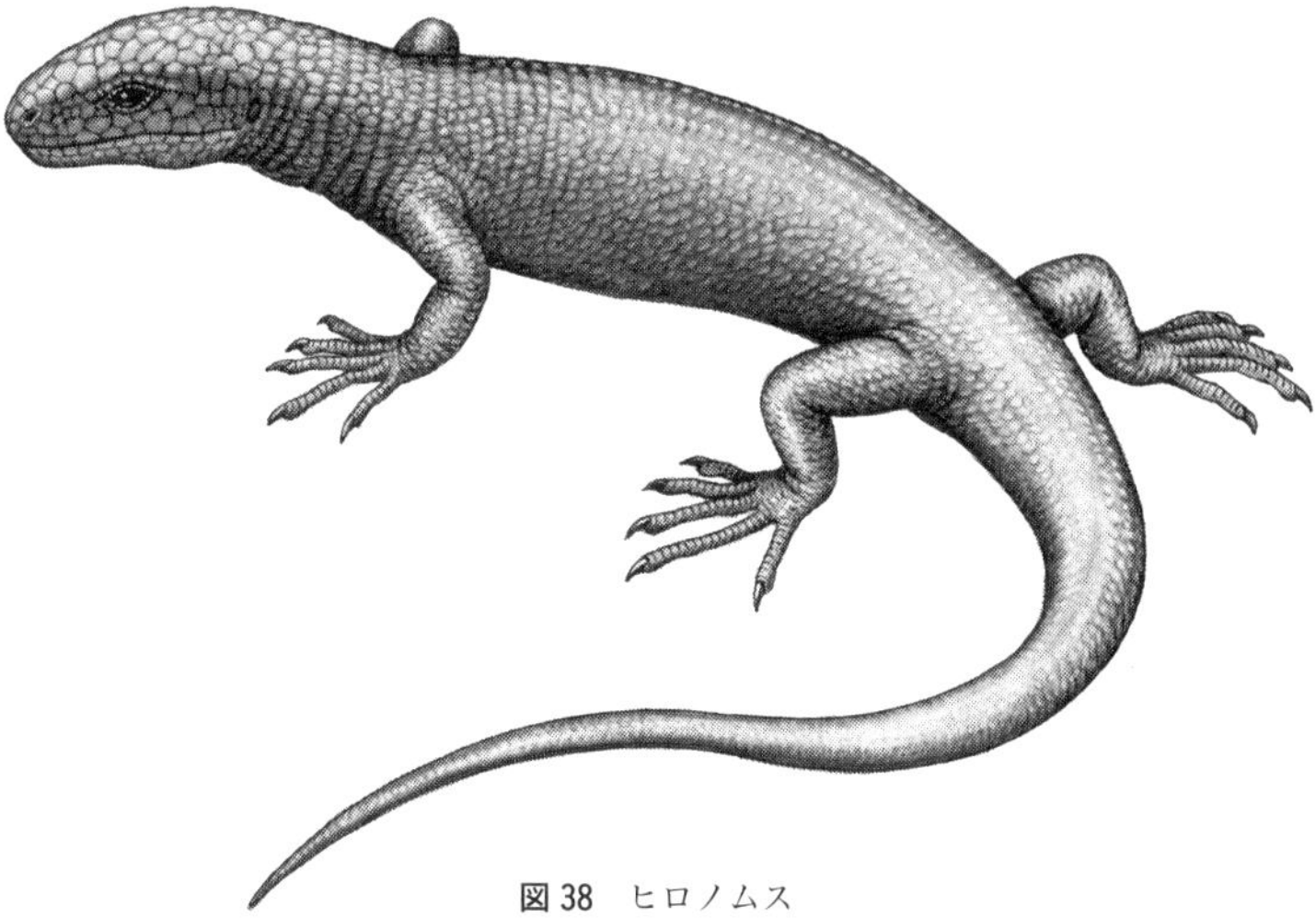

図38　ヒロノムス

家族をはじめとする大小の集団は、何のために形成されているのだろうか？

魚に関しては、厳密な点は謎が多いものの、「捕食者に対抗するために群れをつくる」との見方が強い。「魚の群れ」というと、かの有名な絵本『スイミー』を思い浮かべる読者もいるかもしれない。しかし、「対抗する」とは言っても、基本的にはスイミーのように「捕食者を追い払う」ためのものではない。

集団で周囲を見張ることで捕食者の接近をより早く感知し、そして、いざ襲われても、少数を犠牲にして群れの大部分が逃亡できるようにする、という生存確率向上が得られるためとみられている。

実際、群れをつくる魚は小魚が多い。

第1章で紹介した約5億２０００万年前の古生代カンブリア紀の地層から化石が発見された「最初の魚」の一つ、「ハイコウイクテイス（*Haikouichthys*）」の化石は、直径2メートルの範囲から100個体以上発見されており、群れをつくっていた可能性が指摘されている（24ページ参照）。

そして、陸棲脊椎動物も群れを組む。

たとえば、私たち哺乳類には、群れを組むものが多い。ウマの仲間は群れを組むことで見張り役を増やし、捕食者の接近をいち早く探知できるようにしているし、ウシの仲間には捕食者に対して防御隊形をとって対抗するものもいる。

もっとも、被捕食者ばかりが群れをつくるというわけではなく、典型的なところではオオカミは群れをつくって高度なチームワークで獲物を追い詰めるし、百獣の王であるライオンも群れによる狩りを行う。

南アフリカにある古生代ペルム紀末期（約2億5700万年前）の地層は、ある動物の化石が豊富に産することで知られている。

その動物の名前を「ディイクトドン（*Diictodon*）」という（図39）。頭胴長45センチメートルほど、小さなダックスフントのような愛らしい姿をしている。一目見てわかる。強者ではない。

ディイクトドンは、「獣弓類」というグループに属している。このグループには、実は私たち哺乳類も分類される。

ただし、ディイクトドンの生きていたペルム紀にはいかなる哺乳類もまだ出現していない。ペルム紀は、恐竜類が登場する直前の時代である。当時、獣弓類内にはいくつものグループが存在し、ディイクトドンとその仲間たちは、滅んでしまったグループに属している。言うなれば、私

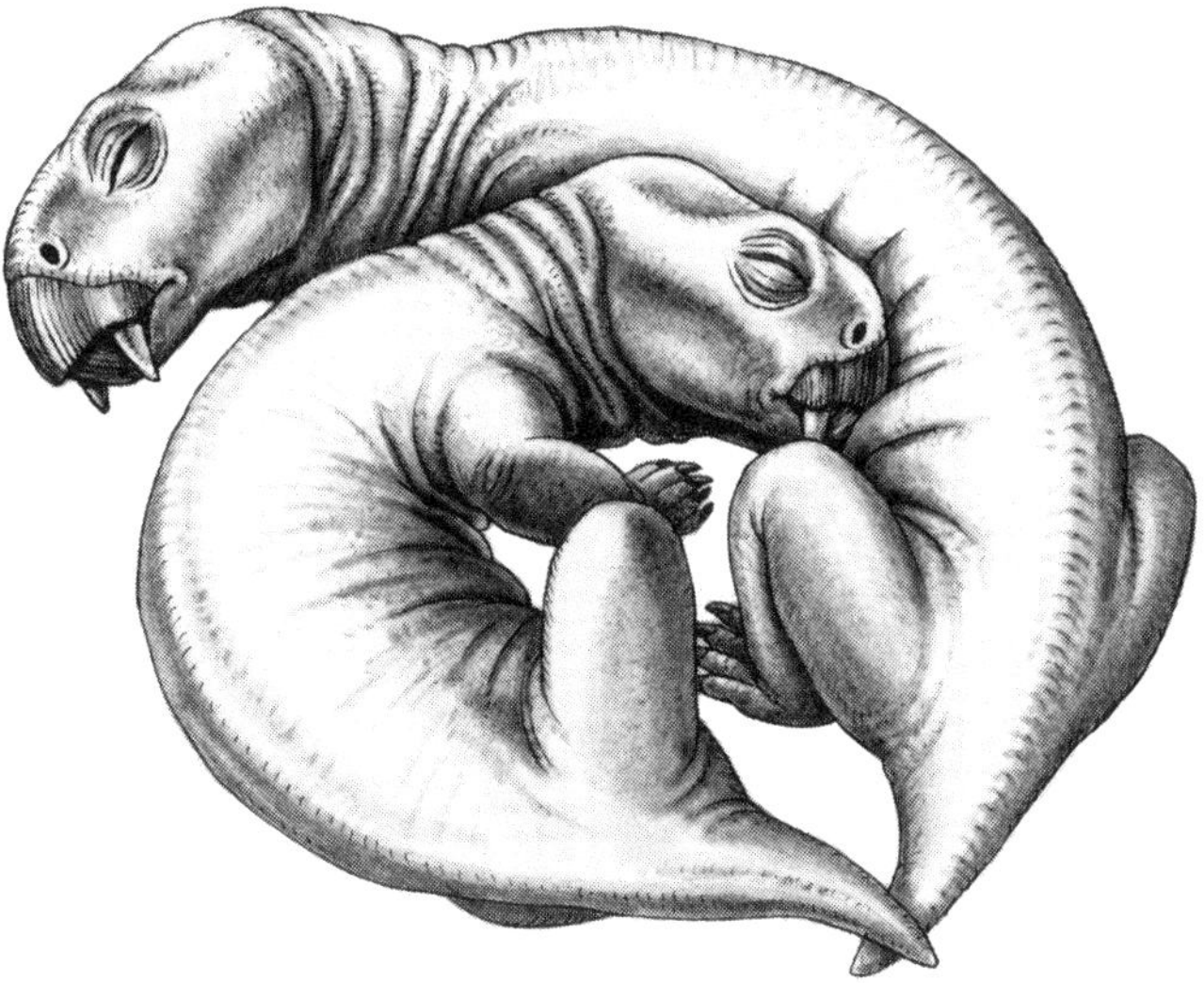

図 39　ディィクトドン

たち哺乳類の遠い親戚のような存在だ。同じ地層からは、さまざま動物化石が産する。その中で、ディイクトドンの占める割合は、実に6割におよぶという。

そうしたディイクトドンは、発達した犬歯をもつ個体と、犬歯をもたない個体に分けられるとされる。これは雌雄差をあらわしているとみられている。そして、雌雄セットで化石として残っているものも少なくない。その中には、巣穴の先で身を寄せ合うようにして化石となった〝つがい〟もある。

このダックスフント似の獣弓類には、ごく小規模な群れ、すなわち家族のような群れをつくっていた可能性がある。

もっとも、化石だけでは、厳密な意味で「血縁関係」を論じることはできない。

しかし、約5億1500万年前という脊椎動物の最初期から魚は群れを組み、約2億5100万年前にはすでに〝哺乳類の親戚たち〟も群れを組み、ともに巣穴で暮らしていた。「群れをつくる」という生態は、少なくとも生態系の弱者たちにとって有効で、初期段階から獲得していたことがわかる。

これもまた、弱肉強食の生態系で、弱者が生き残るための術なのだ。

世話をするか否か。それが問題だ

鳥類に眼を向けてみよう。彼らの巣に注目したい。

薄茶色の麦わらなどで組まれた巣。

その巣から5羽の雛が小さな顔を出し、口を開く。

少しの間をおいて、親鳥が戻ってくる。

黒い翼、白い腹。顔は赤みを帯びる。

そんな親鳥は雛たちへ口移しで餌を与え、そしてまたすぐに新たな餌を探しに飛び立っていく。

春の風物詩といえる「ツバメの子育て」だ。

ツバメ（*Hirundo rustica*）の場合、春に1週間くらいかけて巣をつくり、3〜7個の卵を産む。

産卵を終えた母鳥はそのまま卵を温めつづけ、その間、父鳥は母鳥に餌を運び続ける。

孵化にかかる時間は2週間。そして、いざ雛が孵ると、今度は2羽で3週間近い時間をかけて雛を育てあげるのだ。

南極に暮らすコウテイペンギン（*Aptenodytes forsteri*）もまた、献身的に雛（卵）の世話を行うことで知られている。

コウテイペンギンの母鳥は、1年に一度の産卵で1個だけ卵を産む。産卵後の母鳥は、自身の体力を回復させ、のちに孵化する雛のための餌を獲りに陸から離れた海へと出かける。

その〝出稼ぎ〟の期間は、実に2か月以上。

この間、父鳥は何も食べず、自分の足の甲に卵を載せ、自身の腹の皮をかぶせて極寒の中で卵を温め続ける。

少数の卵を産み、手間をかけて育てていく。この〝子育て〟は、多くの哺乳類とも共通するものだ。「K戦略」（あるいは「K淘汰」）と呼ばれる繁殖方法である。K戦略を採用する哺乳類や鳥類は、コウテイペンギンのように極寒の極域でも子孫を残し続けている。

一方、ほとんどのカエルやカメたちが行う繁殖方法はこれではない。基本的には「産みっぱなし」だ。膨大な量の卵を出産し、その後は、温めることも守ることもしない。天敵に喰われ、わずかな個体が生き残ることに任せている。

こちらは「r戦略」（あるいは「r淘汰」）と呼ばれる。この方法を採用する動物は、産卵地域が限られるものが多い。

たとえば、アメリカアリゲーター（ミシシッピワニ）だ。アメリカアリゲーターは、1回の出産で45個もの卵を産卵する。その環境は、32℃前後に限られる。アメリカアリゲーターの場合、孵化するときの温度で性別が決まるとされ、32℃以上だと雄が生まれ、31℃以下だと雌が生まれる傾向にあるという。

すなわち、周囲の気温が高すぎても低すぎても、性差が生まれず、子孫を残すことができない。そもそも、ある程度の暖かさがある場所でなければ、孵化すらしない。

動物の繁殖戦略は、r戦略を行うものから、K戦略を行うものが進化したとみられている。そして、K戦略を行うことで、その生息域はぐっと広がっていった。

この〝戦略の変更〟による影響を追う上で、最適のグループが存在する。約2億3000万年前の中生代三畳紀後期に登場した「恐竜類」である。

ここから先は、恐竜類の〝愛〟について、子育ての視点からせまってみたい。

産みっぱなしは、「場所を選ぶ」

これまでに知られている限り、最も古い恐竜の卵の化石は、三畳紀後期〜中生代ジュラ紀前期（約2億3000万年前〜約1億7400万年前）のものだ（この長い期間の間の「いつ」のものなのかは、わかっていない。この化石がみつかった地層の年代を決める精度が、そこまで高くないのである）。

最古の恐竜の卵として、複数種の化石がみつかっている。卵の形は、いずれも球形だ。

親は頭部が小さく、首と尾が長く、四足で歩く「竜脚形類」というグループの恐竜である。このグループにはのちに全長20メートルを超える大型種も出現する。

しかし、〝最古の卵化石〟を残した竜脚形類はそこまで大きくない。最大の種でも全長9メートルほどとみられている。

竜脚形類の巣はシンプルなものが多い。穴を掘るだけでつくられ、そこに無造作に20〜40個の卵を産み落とす。種によっては、卵の上に植物を被せたものもあるが、基本的には産みっぱなしで放置されている。

2018年に名古屋大学博物館（当時。現在は筑波大学）の田中康平たちが発表した研究によると、こうした卵は、地熱や太陽光を用いて温めていたという。

なにしろ、親は巨体である。

卵の世話をしようにも、ひとつ間違えれば、卵を自分で壊してしまう。抱卵なんてもってのほかだ。どうしても自然の力に頼らざるをえない。

自然の力に頼るということは、つまり、営巣する場所が限定されるということだ。日光の強い低・中緯度地域、あるいは、火山の近くなどの地熱の高い地域でのみ、営巣ができたとみられている。

産みっぱなしということは、すなわち「保護をしない」ということ。ひょっとしたら、営巣地の外で親が〝巡回〟くらいはしていたかもしれないが……なにしろ竜脚形類は巨体だ。

巨体の〝隙間〟を容易にぬけることができた小型の動物たちによって卵は襲われ放題だった可能性がある。実際に、2010年にはミシガン大学（アメリカ）のジェフリィ・A・ウィルソンたちによって、ヘビに襲われている瞬間のものとされる白亜紀後期の竜脚形類の卵化石が報告されている。

一つの巣に20〜40個の卵。これは恐竜類全体を見渡せば、多くも少なくもない。これだけでは、r戦略ともK戦略とも言い難い。

「ただし、竜脚形類の場合は、たくさんの巣を同時につくっていた可能性があります。つまり、よりたくさんの数を産んでいたとみられるのです」と田中は言う。

すなわち、竜脚形類は、r戦略者だった可能性があるわけだ。限られた地域で産みっぱなし。多少襲われても、少数でも子孫を残せれば良い。恐竜類の〝子への愛〟は、そこから始まったとみられている。

世話をすれば、寒い場所でも生きられる

恐竜類の繁殖戦略は、「産みっぱなし」のr戦略から始まった可能性がある。この戦略は、多数を産み、少数を残す。とくに卵の世話をしない。卵を温めるためには、強い日差しや地熱を必要とするため、生息域を限定することになる。

一方、「植物を使う方法」を採用した恐竜が登場した。

この方法は、一部の竜脚形類でも採用されていたが、竜脚形類以外の植物食恐竜グループ、とくに「ハドロサウルス類」と呼ばれる植物食恐竜たちが用いていたとされる。

ハドロサウルス類は、「カモノハシ竜」あるいは「カモハシ竜」とも呼ばれるグループだ。カモのハシ、すなわち、「鴨の嘴」というわけで、平たいクチバシを特徴とする。

卵と子育てに関しては、よく知られるハドロサウルス類がいる。アメリカから化石がみつかっている全長7メートルの「マイアサウラ（*Maiasaura*）」である。1978年に巣の化石が発見された恐竜で、当初から「子育て恐竜」として知られてきた。

マイアサウラという名前は「良母トカゲ」という意味である。巣の化石の中に幼体化石と割れた卵の殻が確認されている。かねてより、マイアサウラは、親が巣に餌である植物を運び込み、子を育てていたという考えがある。

田中の見方は、この従来からの「子育て方法」とはいささか異なる。

親が巣に運んでいたとされる植物は、餌ではなく、卵を温めるためのものだったというのだ。植物は腐る（発酵する）際に熱を出す。その熱を使って、卵を温めていたのではないか、というわけだ。

イメージとしては、土を盛ってつくられた巣の中に、ほぼ球形の卵が並び、その上にこんもりと植物が盛られている絵を思い浮かべてほしい（図40）。そして、卵から孵った子は、さほど時間をおかずに自分で巣から歩き出し、自分自身で餌を取りに出かけることができたと田中は考えている。

植物の発酵熱を使う方法は、産みっぱなしよりも多少の手間を必要とする。

卵の上に植物をかけねばならない。

また、植物だって永遠に発酵しているわけではない。一定の時間が経過すれば、やがて冷めていく。その前に親は植物を交換しなければいけない。鳥類のように自分で温めることはしないと

図 40　植物の発酵熱を使うマイアサウラの巣

しても、親は継続的に卵の世話をしなければいけないのだ。

その代わりに、植物の発酵熱を利用することで、ハドロサウルス類は緯度や地熱に縛られない生息域を手にした。

すなわち、植物さえあれば、卵を孵すことが可能になったのである。

これにより、極域のような過酷な環境でも、巣をつくり、子を残すことができるようになったとみられている。

これらの繁殖戦略との因果関係は必ずしも明らかになってはいないけれども、結果的にハドロサウルス類は白亜紀末期の世界中の生態系で大いに繁栄したのである。

"建材"がなければ自分で。そして環境に依存しない巣へ

植物を使うことで、恐竜たちは緯度や地熱を気にすることなく、巣をつくり、卵を産むことができるようになった。

しかし、植物を使う方法も万能ではない。

当然のことながら、植物の分布に依存するのだ。植物の少ない乾燥地帯などでは巣をつくることはできない。

そこで、さらに一歩先の戦略をみせたのは、「オヴィラプトロサウルス類」や「トロオドン類」と呼ばれる恐竜たちだ。この恐竜たちは、巣の中で円形に自分の卵を配置して、円の中心に自らは腰を降ろし、翼を使って卵を保護しつつ、場合によっては自らの体温を使って卵を温めることができたとみられている（**図41**）。

現生鳥類が行う「抱卵」と同じだ。

オヴィラプトロサウルス類やトロオドン類といった恐竜のグループは、鳥類に近縁とされている。1990年代後半からのさまざまな発見と研究によって、現在では鳥類は、恐竜類の中の一つのグループであるとみなされている。オヴィラプトロサウルス類やトロオドン類は、その鳥類にごく近い存在なのだ。

代表的な種類は、「オヴィラプトル（*Oviraptor*）」だ。この恐竜は、全長1・5メートルほどと小型であり、二足歩行。スラリと伸びた首の先には寸詰まりの頭部をもっていた。ちなみに、その顎には歯がない。

オヴィラプトルという名前は「卵泥棒」という意味で、その化石が卵化石のそばから発見されたことに由来する。

当初より、その位置関係から「卵を盗みに来て、何らかの理由でそこで死んでしまった」と解釈されてきた。

図 41　翼を使って卵を保護するオヴィラプトル

しかし、のちにこれは〝冤罪〟であることが判明した。まさに現生鳥類が抱卵するような姿勢で化石となった標本が発見されたのである。

自分自身を使って巣を〝完成〟させるのであれば、巣の建材（巣材）は必要ない。「実際、オヴィラプトルたちの卵の化石は、乾燥地域などでもよくみつかるのです」と田中は話す。彼らは環境に依存しない生活圏を手に入れたのである。

さて、オヴィラプトロサウルス類やトロオドン類の巣は卵がほぼむき出しの状態だった。このことも、彼らが自分たちの卵を保護していた可能性が高いことを示唆している。

竜脚形類などが採用していた「産みっぱなし」は砂を被せていた可能性がある

し、ハドロサウルス類などが採用した「植物で覆う方法」も卵はむき出しではなかった。

しかし、抱卵をするのであれば、むしろむき出しの方が良い。親の体温が伝わりやすいからだ。

もっとも、むき出しであれば、今度は天敵に狙われやすくなる。卵を保護する親の存在は、そうした天敵に対する防御策としても有効だったのだろう。

また、２０１８年に、イェール大学（アメリカ）のジャスミナ・ウィエマンたちによって、こうした鳥類に近縁の恐竜たちの卵には、赤褐色や青緑色といった色があったことが明らかになった。田中は、「おそらく、むき出し状態の巣において、色はカモフラージュのような役割を担っていたのではないでしょうか」と指摘している。ちなみに、現生の爬虫類で産みっぱなしの卵には、カラフルな色はない。

産みっぱなしから植物利用、そして、親自身がつきっきりで卵を抱くという戦略へ。より「手間がかかる」ように繁殖戦略は展開されていった。それにあわせて、卵自身にも変化がみられるようになった。

こうした変化の獲得は、恐竜たちがより多くの生態系へ進出することにつながっていったのかもしれない。

である。

「掘ってくらす」という選択肢

少し視点を変えてみよう。

ここまでみてきた「恐竜の巣」は、基本的には地表にあるものだった。地表にあるからこそ、親が直接保護をすることで、恐竜たちの生活圏の拡大へとつながった可能性が指摘されているのである。

では、地下ならばどうだろうか？

2007年、モンタナ州立大学（アメリカ）に所属するディヴィッド・J・ヴァリッチオや岐阜県立博物館（当時。現在は石川県立自然史資料館）の桂嘉志浩たちが、穴を掘って巣をつくる恐竜、オリクトドロメウス（*Oryctodromeus*）を報告している。

オリクトドロメウスは、全長2メートルほどで二足歩行をする植物食恐竜だ。グループとしては「鳥脚類」に属し、鳥類と縁遠い恐竜である（グループ名に「鳥」という文字が入っているのでいささかややこしいが、鳥脚類と現生鳥類に系統的なつながりはない）。

ヴァリッチオたちの報告によると、その巣穴は直径数十センチメートルで、奥行き数メートルにわたってつづいていた。しかも、シンプルな直線ではなく、途中で大きくうねったつくりをしていたという。〝間取り〟にもこだわった巣穴だったわけだ。

そして、その先で、子を育てていた可能性があるという（**図42**）。

地下という環境は、気温も湿度も、地表よりも一定に保たれやすい。ヴァリッチオたちは「穴を掘る」という能力の獲得によって、こうした恐竜たちの活動領域が、より過酷な環境、たとえ

図42 オリクトドロメウスの巣

ば極圏や乾燥地域、高山地域などの〝過酷な生態系〟へと拡大することにつながったのではないか、と指摘している。

「父による子育て」は、恐竜がはじまりか

自然界においては、哺乳類は「乳を与える必要がある」ため、雌が子育てを担当することが多い。

しかし、卵生であるがゆえに、「乳を与える必要がない」鳥類に関しては、実に9割以上のケースにおいて、雄が子育てをするという実態がある。

すでにみてきたように、子育て（抱卵）に関しては、鳥類が誕生する以前に恐竜類で始まった。では、「父による子育て」は、いつからはじまったのだろうか？

これは難問だ。

何しろ、ただでさえ絶滅動物の性別は判別が難しい。決定的な証拠である生殖器は軟組織であることが多く、化石に残らないことがほとんどだ。それに加えて、「抱卵をする」ということは、すでに雌の体内に卵がない（産卵を終えている）ことを意味しているからだ。つまり、体内の卵の有無で雌雄の判別ができない。

ヴァリッチオたちは、２００８年に「骨髄骨」などに注目した研究を発表している。骨髄骨とは、卵をつくる際にカルシウムの供給源となる骨のこと。ティランノサウルスの雌雄判別の際に話題として紹介したアレだ。ヴァリッチオたちが、抱卵をする恐竜化石について、骨髄骨の有無を調べたところ、これがないことが明らかになった。

つまり、雌ではない可能性が高いとされたのだ。

ヴァリッチオたちの研究は、２０１３年に反論が提出されているものの、２０１６年には再反論も行われている。議論は続いているが、「恐竜の抱卵は、雄がしていた可能性が高い」という見方は有力であるといってよいかもしれない。

さて、実は雄の子育てには利点がある。

雌が子育てをするというのであれば、雌は出産後のためにその体力を残しておかなければならない。

しかし、雄がそれを担うというのであれば、雌は〝出産〟により多くの〝エネルギー〟を割くことができるとみられている。大きくて頑丈な卵を産んだり、数を増やしたりすることができるというわけだ。どちらも「子孫を残す」という生存戦略においては、有効な方法である。

雄による子育てのはじまりがいつなのかは、今なお、不明だ。

しかし、雄の子育てとグループの繁栄は興味深いテーマといえるだろう。


そもそも「翼」は何のためなのか?


多くの恐竜が、鳥類と同じように羽根でできた翼をもっていたと現在では考えられている。

「翼の役割は?」

そう訊ねられれば、多くの人が「飛翔のため」と答えるだろう。たしかに翼がなければ、空を飛ぶことはできない。

しかし、オヴィラプトロサウルス類やトロオドン類といった恐竜類のグループは、翼をもっていたけれども、そのほとんどは「空を飛ばない恐竜」だ。

彼らにとっての翼とは、〝抱卵の道具〟なのだ。より正確にいえば、卵を保護するためのもの。卵を温めるときに自らが発した熱を逃がさないように使われていたかもしれないし、日射が強い時は卵が高温になりすぎないように影をつくる役割も果たしただろう。小型の狩人たちから卵を守ることにも役立ったかもしれない。

オヴィラプトロサウルス類やトロオドン類は、鳥類に近縁で、そして恐竜類の中では〝より原始的なグループ〟と考えられている。この点に注目すると、翼はそもそも「飛翔のため」に発達したものではないと考えることができる。

では、翼の〝最初の役割〟は何だったのだろうか？

この疑問に対しても、恐竜が答えをもっているようだ。

2012年にカルガリー大学（カナダ）のダーラ・ゼレニツキィや北海道大学の小林快次たちは、かつてカナダに生息していた恐竜「オルニトミムス（*Ornithomimus*）」の翼に関する研究を発表している。

オルニトミムスは、全長3・5メートルほどの二足歩行をする恐竜で、小さな頭にやや長い首、短い前脚と長い後ろ脚が特徴だ。その見た目から「ダチョウ型恐竜」と呼ばれることがある。俊足で知られる恐竜の一つでもある。

ゼレニツキィたちが注目した点は、大きく二つ。

オルニトミムスの成体は翼をもっていたが、幼体には翼がなかったということ（図43）。

そして、オルニトミムスが属するオルニトミモサウルス類というグループが、翼をもつ恐竜としては最も原始的と考えられるということだ。

現生鳥類は、生後3ヶ月までには翼をもつ。

しかし、オルニトミムスの幼体は生後1年以上経過してからようやく翼をもつようになっていたという。そのとき幼体は、全長1・5メートルの大きさまで成長していた。

翼が発達した理由として、従来より四つの仮説が注目されていた。

図 43　オルニトミムスの成体（左）と幼体（右）

一つはもちろん、飛翔に役立つものとして、という説だ。しかしこの説は、オルニトミモサウルス類に限らず、これまで見てきたように「翼をもつが、飛ばない恐竜」の存在により否定される。

二つ目は、獲物である昆虫や小型の脊椎動物を攻撃する（はたくなどで）ために役立っていたのではないか、という説。しかし、オルニトミムスは植物食だった。つまり、動物を攻撃する必要はない。

三つ目は、走行時のバランスをとるために必要だったとする説。なるほど、オルニトミムスのように「俊足」の恐竜であれば、翼はバランスをとるのに役立ったかもしれない。しかし、これは「幼体には翼がなかった」ということで否定される。全長1・5メートルまで成長した個体は、すでに相応の速さで走ることができたとみられている。その個体に翼がなかったというのは不自然だ。

そして四つ目。それが、求愛のため、という説である。「幼体になく」「成体にある」という点からみても、これがいちばんもっともらしい。

いわゆるディスプレイ（性的アピール）として翼を使っていたのかもしれないし、それこそ卵の保護専用だったのかもしれない。

いずれにしろ、翼はもともと繁殖活動に関わるものとして発達した、とみられている。

そして、空も〝戦場〟になった

初期の役割が繁殖活動にともなうものだったとしても、翼の発達によって、やがて脊椎動物の生態系に空が加わることにつながった。

もちろん、鳥類の登場以前にも飛翔動物はいた。有名なものでは翼竜類がそうである。翼竜類は恐竜類とほぼ同時期に出現している。鳥類よりもよほど古い存在だ。

そして翼竜類以前にも、いくつかの飛翔動物がいた。前章で紹介した古生代ペルム紀のコエルロサウラヴスなどがそれだ。

しかし、飛行能力を得た鳥類は、そうした動物たちと比べると〝後発者〟だった。しかし、鳥類の台頭によって、空の生態系における生存競争はより激しいものになったとみられている。

今から6600万年前の中生代白亜紀末に大量絶滅事件が発生した時に、翼竜類が滅び、鳥類が生き残った理由は明らかになっていない。いくつかの仮説はあり、たとえば、過酷な環境でも手に入りやすい種子を食べていたことや、卵の孵化日数が比較的短いことが関係しているともされている。

いずれにしろ、翼を獲得した鳥類の空への進出が、今日へと続く〝空の生態系〟をつくったのは、確かだ。

はじまりは〝愛のため〟だった「翼」。

その翼が、新たな戦場へ進出するための〝パーツ〟となった。

生命進化の物語では、こうした〝機能の転用〟がよく起きる。

翼だけではない。もともとは水中移動用だった「あし」が、地上歩行用へと変わったこともその一つといえるだろう（なお、第3章で触れたように、この件に関しては議論はある）。内陸で暮らす脊椎動物が子をなすために必須の「体内受精」でさえ、乾燥した地上で交尾するためのものではなかった。

さまざまな〝機能〟は、現在の動物たちが使っている〝目的外〟で生まれたものが多い。

そもそも「進化」は、目的があって進行するものではない。

機能は必要だから獲得されるわけではなく、獲得された機能が〝歴史を進めて〟いくのである。

現在の生命がもつさまざまな機能は、もともとは別の役割を果たしていた可能性が高いのだ。機能獲得の進化史は、〝機能転用の進化史〟でもある。

【コラム】　形には、意味がある

一見しただけでは、「なぜ、この形？」と首を傾げるような姿の古生物も少なくない。

例えば、恐竜が登場する直前の時代である古生代ペルム紀（約２億９９００万年前〜約２億５２００万年前）の海に生息していた軟骨魚類の一種、「ヘリコプリオン（*Helicoprion*）」がそれだ（**図44**）。

ヘリコプリオンは、全長と全身像がよくわかっていない魚で、「軟骨魚類」とはいっても、サメやエイのような板鰓類ではなく、ギンザメの仲間である全頭類に近いとみられている。

最大の特徴は、その歯だ。１００個以上の鋭く平たい歯が螺旋を描いており、下顎の中軸部に配置されていた。

口を開くと、舌のかわりに、〝円形の電気鋸〟が見える（ただし、電気鋸とはちがって、この歯が高速回転をするわけではない）。

そんなイメージの軟骨魚類なのだ。

そんな妙な歯と顎が、いったい何の役にたったのか？

アイダホ州立大学・アイダホ自然史博物館（アメリカ）に所属するレイフ・タンパニラたちが２０２０年に発表した研究によると、この歯と顎は、アンモナイトのような殻をもつ頭足類を攻

図 44　ヘリコプリオン

撃する際に役立ったらしい。殻のある頭足類を捕まえ、殻からその軟体部だけを引き摺り出すことに向いていたのだという。

奇妙な歯と顎だけれども、その独特の形状と配置によって殻に守られた頭足類さえも、餌にすることができたことになる。

不思議な形も、意味のある〝機能〟をもっているのだ。

おわりに

古生物たちの〝機能〟を中心に見てきた物語。

いかがでしたでしょうか？

本書で紹介した物語は、「化石」を発端点とし、さまざまな状況証拠なども読み解かれてきたものです。

古生物を研究対象とする古生物学は、化石を証拠として推理を展開します。

したがって、新たな化石が発見されれば、推理の展開はもとより、推理の方向性が変わることもあります。また、各種分析装置の進歩によって、既知の化石に新たな手がかりがみつかることも〝よくあること〟です。

そして、そうして見えてきた〝新説〟が必ずしも正しいというわけではありません。〝旧説〟が必ずしも間違っているというわけでもないのです。

研究者の皆さんは、新たな手がかりを探し、日夜議論を交わし、互いの仮説を検証しています。

古生物学は、科学の一分野。
科学は、日進月歩で移り変わるもの。
だからこそ、科学には科楽の側面があり、追いかける楽しさがあります。

本書は、月刊誌『みすず』に約2年間にわたって隔月掲載してきた連載を、書籍用に加筆・修正したものです。

連載時より、シリーズ総監修として、群馬県立自然史博物館の皆様にお世話になりました。群馬県立自然史博物館の皆様には、これまでにも多くの拙著で監修をお引き受けいただいており、このたび、本書がその並びに加わることになりました。いつも本当に、ありがとうございます。

また、とくに次の専門家のみなさんに取材等のご協力をいただきました。第1章に関連して、東京工業大学の佐藤友彦さん、岩手県立博物館の望月貴史さん。第2章に関連して、愛知学院大学の浅原正和さん。第3章に関連して、名古屋大学博物館の藤原慎一さん。第5章に関連して、筑波大学の田中康平さん。みなさま、お忙しい中にお時間をいただき、心より感謝いたします。

素晴らしいイラストは、藤井康文さん、かわさきしゅんいちさんの作品です。

藤井康文さんは、超ベテランのイラストレーターで、恐竜をはじめとして多くの作品を描いておられます。筆者とは、筆者が科学雑誌『Newton』の編集記者として古生物に関する記事の連載をしていたときからのおつきあい。このたび、本連載のために描き下ろしをいただきました。

かわさきしゅんいちさんは、近年めきめきと力をつけてきた新進気鋭のイラストレーター。ちょうどこの本が刊行されるころに、他社からも、かわさきしゅんいちさんのイラスト、筆者の文という本が上梓されていると思います。ぜひ、本書とあわせて、お二人の他の作品もご覧ください。古生物のもつ魅力を、より多くの視点から堪能していただけるものと確信しております。

本書の企画提案と編集は、実は私の在社時代の後輩でもあった市田朝子さんが担当されました。

多くの人々が、古生物学にさまざまな光を当て、そして、楽しむ時代となっています。

博物館へ行けば、化石も展示されています。

書店に行けば、さまざまな本があります。

古生物を復元としたフィギュアも販売されています。

テレビをつければ、古生物をテーマにした番組も多くあります。

願わくば、みなさんが、この先も古生物に関する知的好奇心と知的探究心を広げ、そして、お楽しみいただけますよう。

最後までお読みいただき、ありがとうございました。

みなさんのご健康を祈りつつ、本書の筆をおきたいと思います。

2021年初夏

土屋　健

索　引

学名索引

和名索引

事 項 索 引

タ

ナ

ハ

マ

ヤ

ラ

もっと詳しく知りたい読者のための参考資料

本書を執筆するにあたり，とくに参考にした主要な文献は次の通り。※本書に登場する年代値は，とくに断りのないかぎり，International Commission on Stratigraphy, 2020/03, INTERNATIONAL STRATIGRAPHIC CHART を使用している。

第I章　攻撃と防御

一般書籍

『エディアカラ紀・カンブリア紀の生物』監修：群馬県立自然史博物館，著：土屋健，技術評論社，2013 年

『オルドビス紀・シルル紀の生物』監修：群馬県立自然史博物館，著：土屋健，技術評論社，2013 年

『海洋生命 5 億年史』監修：田中源吾／冨田武照／小西卓哉／田中嘉寛，著：土屋健，文藝春秋，2018 年

『古生物たちの不思議な世界』協力：田中源吾，著：土屋健，講談社，2017 年

『古第三紀・新第三紀・第四紀の生物　上巻』監修：群馬県立自然史博物館，著：土屋健，技術評論社，2016 年

『古第三紀・新第三紀・第四紀の生物　下巻』監修：群馬県立自然史博物館，著：土屋健，技術評論社，2016 年

『新版　絶滅哺乳類図鑑』著：冨田幸光，イラスト：伊藤丙男／岡本泰子，丸善株式会社，2011 年

『ジュラ紀の生物』監修：群馬県立自然史博物館，著：土屋健，技術評論社，2015 年

『生痕化石からわかる古生物のリアルな生きざま』著：泉賢太郎，ベレ出版，2017 年

『スイミー』著：レオ・レオニ，好学社，1969 年

『デボン紀の生物』監修：群馬県立自然史博物館，著：土屋健，技術評論社，2014 年

『白亜紀の生物　上巻』監修：群馬県立自然史博物館，著：土屋健，技術評論社，2015 年

『白亜紀の生物　下巻』監修：群馬県立自然史博物館，著：土屋健，技術評論社，2015 年

学術論文など

Adam C. Maloof, Susannah M. Porter, John L. Moore, Frank Ö. Dudás, Samuel A. Bowring, John A. Higgins, David A. Fike and Michael P. Eddy, (2010) The earliest Cambrian record of animals and ocean geochemical change. *Geological Society of America Bulletin*, 122 (11–12): 1731–1774.

Adolf Seilacher, (1999) Biomat-Related Liifestyles in the Precambrian. *PALAIOS*. 14(1), Theme Issue: Unexplored Microbial Worlds, 86–93.

Adolf Seilacher, Luis A. Buatois, M. Gabriela Mángano, (2005) Trace fossils in the Ediacaran-Cambrian transition: Behavioral diversification, ecological turnover and environmental shift. *Palaeogeography, Palaeoclimatology, Palaeoecology*, 227(4): 323–356.

Martin Brasier, John Cowie, Michael Taylor, (1994) Dexision on the Precambrian-Cambrian boundary stratotype. *Episodes*, 17(1–2): 3–8.

Maoyan Zhu, (1997) Precambrian-Cambrian Trace Fossils from Eastern Yunnan: Implications for Cambrian Explosion. *Bullten of National Museum of Natural Science*, 10, 275–312.

Michael Steiner, Guoxiang Li, Yi Qian, Maoyan Zhu. Bernd-Dietrich Erdtmann, (2007) Neoproterozoic to early Cambrian small shelly fossil assemblages and a revised biostratigraphic correlation of the Yangtze Platform (China). *Palaeogeography, Palaeoclimatology, Palaeoecology*, 254(1–2): 67–99.

P. Yu. Parkhaev, Yu. E. Demidenko, (2010) Zooproblematica and Mollusca from the Lower Cambrian Meishucun Section (Yunnan, China) and Taxonomy and Systematics of the Cambrian Small Shelly Fossils of China. *Paleontological Journal*, 44(8), 883–1161.

S. Jensen, T. Palacios, (2016) The Ediacaran-Cambrian trace fossil record in the Central Iberian Zone, Iberian Peninsula. *Comunicações Geológicas*, 103, Especial I, 83–92.

Shuhai Xiao, Zhe Chen, Chuanming Zhou, Xunlai Yuan, (2019) Surfing in and on microbial mats: Oxygen-related behavior of a terminal Ediacaran bilaterian animal. *GEOLOGY*, 47(11): 1054–1058.

Takafumi Mochizuki, Tatsuo Oji, Yuanlong Zhao, Jin Peng, Xinglian Yang, Sersmaa Gonchigdorj, (2014) Diachronous Increase in Early Cambrian Ichnofossil Size and Benthic Faunal Activity in Different Climatic Regions. *Journal of Paleontology*, 88(2), 331–338.

Tatsuo Oji, Stephen Q. Dornbos, Keigo Yada, Hitoshi Hasegawa, Sersmaa Gonchigdorj, Takafumi Mochizuki, Hideko Takayanagi, Yasufumi Iryu, (2018) Penetrative trace fossils from the late Ediacaran of Mongolia: early onset of the agronomic revolution. *R. Soc. open sci.*, 5(2), 172250.

Tomohiko Sato, Yukio Isozaki, Takahiko Hitachi, Degan Shu, (2014) A unique condition for early diversification of small shelly fossils in the lowermost Cambrian in Chengjiang, South China: Enrichment of phosphorus in restricted basin. *Gondwana Research*, 25(3): 1139–1152.

T. Peter Crimes, (1987) Trace fossils and correlation of late Precambrian and early Cambrian strata. *Geological Magazine*, 124(2): 97–119.

Xi-Guang Zhang, Richard J. Aldridge, (2007) Development and diversification of trunk plates of the Lower Cambrian lobopodians. *Palaeontology*, 50(2): 401–415.

第2章　遠 隔 検 知

一般書籍

『アノマロカリス解体新書』監修：田中源吾，著：土屋健，ブックマン社，2020年

『犬の科学』著：スティーブン・ブディアンスキー，築地書館，2004年

『イヌの動物学』著：猪熊壽，東京大学出版会，2001年

『イルカ・クジラ学』編著：村山司／中原史生／森恭一，東海大学出版会，2002年

『失われた恐竜をもとめて』著：ウィリアム・ナスダーフト／ジョシュ・スミス，ソニーマガジンズ，2003年

『エディアカラ紀・カンブリア紀の生物』監修：群馬県立自然史博物館，著：土屋健，技術評論社，2013年

『海洋生命5億年史』監修：田中源吾／冨田武照／小西卓哉／田中嘉寛，著：土屋健，文藝春秋，2018年

『カモノハシの博物誌』著：浅原正和，技術評論社，2020年

『古第三紀・新第三紀・第四紀の生物　上巻』監修：群馬県立自然史博物館，著：土屋健，技術評論社，2016年

『小学館の図鑑ＮＥＯ［新版］動物』監修・指導：三浦慎吾／成島悦雄／伊澤雅子／吉岡 基／室山泰之／北垣憲仁，画：田中豊美ほか，小学館，2014年

『新版　絶滅哺乳類図鑑』著：冨田幸光／伊藤丙男／岡本泰子，丸善出版株式会社，2011年

『世界のクジラ・イルカ百科図鑑』著：アナリサ・ベルタ，河出書房新社，2016年

『ティラノサウルスはすごい』監修：小林快次，著：土屋健，文春新書，2015年

『動物行動学事典』編：デイヴィッド・マクファーランド，どうぶつ社，1993年

『眼の誕生』著：アンドリュー・パーカー，草思社，2006年

企画展図録

『恐竜博2016』国立科学博物館，2016年

雑誌記事

『最古のクジラはオオカミに似ていた』Newton，2005年3月号

プレスリリース

カンブリア紀の化石の神経系イメージングに成功，海洋研究開発機構ほか，2013年10月17日

WEBサイト

カモノハシの話，浅原正和公式サイト，http://www.toothedplatypus.com/platypusstory.html

The Buregess Shale, Royal ontario museum, https://burgess-shale.rom.on.ca/

学術論文など

Cristiano Dal Sasso, Simone Maganuco, Eric Buffetaut, Marco A. Mendez, (2005) New information on the skull of the enigmatic theropod Spinosaurus with remarks on its size and affinities. *Journal of Vertebrate Paleontology*, 25(4): 888–896.

Cristiano Dal Sasso, Simone Maganuco, Armando Cioffi, (2009) A neurovascular cavity within the snout of the predatory dinosaur Spinosaurus. 1st International Congress on North African Vertebrate Palaeontology.

Daphne Soars, (2002) An ancient sensory organ in crocodilians. *nature*, 417: 241–242.

Darla K. Zelenitsky, François Therrien,Yoshitsugu Kobayashi, (2009) Olfactory acuity in theropods: palaeobiological and evolutionary implications. *Proc. R. Soc. B*, 276(1657): 667–673.

David W.E. Hone and Thomas R. Holtz, Jr., (2021) Evaluating the ecology of *Spinosaurus*: Shoreline generalist or aquatic pursuit specialist? *Palaeontologia Electronica*, 24(1): a03.

Donald M. Henderson, (2018) A buoyancy, balance and stability challenge to the hypothesis of a semi-aquatic *Spinosaurus* Stromer, 1915 (Dinosauria: Theropoda). *PeerJ*, 6, e5409.

Gengo Tanaka, Xianguang Hou, Xiaoya Ma, Gregory D. Edgecombe, Nicholas J. Strausfeld, (2013) Chelicerate neural ground pattern in a Cambrian, great appendage, arthropod. *nature*, 502(7471): 364–367.

John R. Paterson, Gregory D. Edgecombe, Diego C. García-Bellido, (2020) Disparate compound eyes of Cambrian radiodonts reveal their developmental growth mode and diverse visual ecology. *Sci. Adv.*, 6(49): eabc6721.

Nizar Ibrahim, Paul C. Sereno, Cristiano Dal Sasso, Simone Maganuco, Matteo Fabbri, David M. Martill, Samir Zouhri, Nathan Myhrvold, Dawid A. Iurino, (2014) Semiaquatic adaptations in a giant predatory dinosaur. *Science*, 345(6204): 1613–1616.

Nizar Ibrahim, Simone Maganuco, Cristiano Dal Sasso, Matteo Fabbri, Marco Auditore, Gabriele Bindellini, David M. Martill, Samir Zouhri, Diego A. Mattarelli, David M. Unwin, Jasmina Wiemann, Davide Bonadonna, Ayoub Amane, Juliana Jakubczak, Ulrich Joger, George V. Lauder, Stephanie E. Pierce, 2020, Tail-propelled aquatic locomotion in a theropod dinosaur. *nature*, 581(7806): 67–70.

Peiyun Cong,Xiaoya Ma, Xianguang Hou, Gregory D.Edgecombe, Nicholas J. Strausfeld, (2014) Brain structure resolves the segmental affinity of anomalocaridid appendages.

nature, 513(7519): 538-542

R. Ewan Fordyce, (2002) *Simocetus rayi* (Odontoceti: Simocetidae, New Family): A Bizarre New Archaic Oligocene Dolphin from the Eastern North Pacific. *SMITHSONIAN CONTRIBUTIONS TO PALEOBIOLOGY*, 93: 185-221.

Stephen L. Brusatte, Alexander Averianov, Hans-Dieter Sues, Amy Muir, Ian B. Butler, (2016) New tyrannosaur from the mid-Cretaceous of Uzbekistan clarifies evolution of giant body sizes and advanced senses in tyrant dinosaurs. *PNAS*, 113 (13): 3447-3452.

Zhe-Xi Luo, (2007) Transformation and diversification in early mammal evolution. *nature*, 450(7172), 1011-1019.

第3章　あし

一般書籍

『エディアカラ紀・カンブリア紀の生物』監修：群馬県立自然史博物館，著：土屋健，技術評論社，2013 年

『オルドビス紀・シルル紀の紀の生物』監修：群馬県立自然史博物館，著：土屋健，技術評論社，2013 年

『海洋生命 5 億年史』監修：田中源吾／冨田武照／小西卓哉／田中嘉寛，著：土屋健，文藝春秋，2018 年

『古生物学事典　第 2 版』編：日本古生物学会，朝倉書店，2010 年

『古生物たちのふしぎな世界』協力：田中源吾，著：土屋健，講談社，2017 年

『広辞苑　第 7 版　ONESWING 版』編：新村出，岩波書店，2018 年（iOS アプリ）

『しんかのお話 365 日』協力：日本古生物学会，著：土屋健，裳華房，2017 年

『生物学辞典』編集：石川統／黒岩常祥／塩見正衛／松本忠夫／守隆夫／八杉貞雄／山本正幸，東京化学同人，2010 年

『節足動物の多様性と系統』監修：岩槻邦男／馬場峻輔，裳華房，2008 年

『VERTEBRATE PALAEONTOLOGY 4th Edition』著：Michael J. Benton, WILEY Blackwell 刊行，2015 年

WEBサイト

The Buregess Shale, Royal ontario museum, https://burgess-shale.rom.on.ca/

学術論文など

James C. Lamsdell, Derek E. G. Briggs, Huaibao P. Liu, Brian J. Witzke, Robert M. McKay, (2015) The oldest described eurypterid: a giant Middle Ordovician (Darriwilian) megalograptid from the Winneshiek Lagerstätte of Iowa. *BMC Evolutionary Biology*, 15: 169(article number).

John A. Nyakatura, Kamilo Melo, Tomislav Horvat, Kostas Karakasiliotis, Vivian R. Allen, Amir Andikfar, Emanuel Andrada, Patrick Arnold, Jonas Lauströer, John R. Hutchinson, Martin S. Fischer, Auke J. Ijspeert, (2019) Reverse-engineering the locomotion of a stem amniote. *nature*, 565(7739): 351–355.

Peter Van Roy, Allison C.Daley, Derek E.G.Briggs, (2015) Anomalocaridid trunk limb homology revealed by a giant filter-feeder with paired flaps. *nature*, 522(7554): 77–80.

Renee S.Hoekzema, Martin D.Brasier, Frances S.Dunn, Alexander G.Liu, (2017) Quantitative study of developmental biology confirms Dickinsonia as a metazoan. *Proc. R. Soc. B*, 284(1862): 20171348.

Rudy Lerosey-Aubril, Stephen Pates, (2018) New suspension-feeding radiodont suggests evolution of microplanktivory in Cambrian macronekton. *nature communications*, 9: 3774 (article number).

Yuta Shiino,Osamu Kuwazuru,Yutaro Suzuki,Satoshi Ono, (2012) Swimming capability of the remopleuridid trilobite *Hypodicranotus striatus*: Hydrodynamic functions of the exoskeleton and the long, forked hypostome. *Journal of Theoretical Biology*, 300: 29–38.

第4章　飛 行

一般書籍

『岩波　生物学辞典　第5版』編集：巌佐庸／倉谷滋／斎藤成也／塚谷裕一，岩波書店，2013年

『古第三紀・新第三紀・第四紀の生物　上巻』監修：群馬県立自然史博物館，著：土屋健，技術評論社，2016年

『三畳紀の生物』監修：群馬県立自然史博物館，著：土屋健，技術評論社，2015

年

『小学館の図鑑ＮＥＯ［新版］動物』監修・指導：三浦慎吾／成島悦雄／伊澤雅子／吉岡基／室山泰之／北垣憲仁，画：田中豊美ほか，小学館，2014 年

『小学館の図鑑ＮＥＯ［新版］鳥』指導・執筆：白山義久／窪寺恒己／久保田信／齋藤寛／駒井智幸／長谷川和範／西川輝昭／藤田敏彦／月井雄二／土田真二／加藤哲哉，撮影：松沢陽士／楚山いさむほか，小学館，2015 年

『小学館の図鑑ＮＥＯ両生類・爬虫類』著：松井正文／疋田努／太田英利，撮影：前橋利光，前田憲男，関慎太郎ほか，小学館，2004 年

『進化学事典』編：日本進化学会，共立出版，2012 年

『生命史図譜』監修：群馬県立自然史博物館，著：土屋健，技術評論社，2017 年

『石炭紀・ペルム紀の生物』監修：群馬県立自然史博物館，著：土屋健，技術評論社，2014 年

『節足動物の多様性と系統』監修：岩槻邦男／馬場峻輔，裳華房，2008 年

『ダ・ヴィンチ　天才の仕事』著：ドメニコ・ロレンツァ／エドアルド・ザノン／マリオ・タッディ，二見書房，2007 年

『デボン紀の生物』監修：群馬県立自然史博物館，著：土屋健，技術評論社，2014 年

『白亜紀の生物　下巻』監修：群馬県立自然史博物館，著：土屋健，技術評論社，2015 年

『EARTH BEFORE THE DINOSAURS』著：Sébastien Steyer, Indiana Unibersity Press, 2012

『Evolution of the Insects』著：David Grimaldi, Michael S. Engel, Cambride University Press, 2005

『PTEROSAURS』著：Mark P. Witton, Princeton University Press, 2013

『THE PTEROSAURS FROM DEEP TIME』著：David M. Unwin, PI Press, 2006

企画展図録

『翼竜の謎』福井県立恐竜博物館，2012 年

プレスリリース

有翅昆虫類の系統樹の構築，筑波大学ほか，2019 年 1 月 11 日

学術論文など

Andrew Ross, (2017) Insect Evolution: The Origin of Wings. *Current Biology*, 27: R103–R122.

Carsten BrauckmannElke Gröning, (2018) A reconstruction of *Lithomantis varius* from Hagen-Vorhalle (Insecta: Palaeodictyoptera: Lithomantidae; early Pennsylvanian, Late Carboniferous, Germany) . *Entomologia Generalis*, 37(3–4): 231–241.

Martín D. Ezcurra, Sterling J. Nesbitt, Mario Bronzati, Fabio Marco Dalla Vecchia, Federico L. Agnolin, Roger B. J. Benson, Federico Brissón Egli, Sergio F. Cabreira, Serjoscha W. Evers, Adriel R. Gentil, Randall B. Irmis, Agustín G. Martinelli, Fernando E. Novas, Lúcio Roberto da Silva, Nathan D. Smith, Michelle R. Stocker, Alan H. Turner, Max C. Langer, (2020) Enigmatic dinosaur precursors bridge the gap to the origin of Pterosauria. *nature*, 588(7838): 445–449.

Matthew E. Clapham, Jered A. Karr, (2012) Environmental and biotic controls on the evolutionary history of insect body size. *PNAS*, 109(27): 10927–10930.

R. Hoffmann, J. Bestwick, G. Berndt, R. Berndt, D.Fuchs, C. Klug, (2020) Pterosaurs ate soft-bodied cephalopods (Coleoidea) . *Scientific Reports*, 10: 1230(article number).

Von Carsten Brauckmann, Jörg Schneider, Joerg, (1996) Ein unter-karbonisches Insekt aus dem Raum Bitterfeld/Delitzsch (Pterygota, Arnsbergium, Deutschland). [A Lower Carboniferous insect from the Bitterfeld/Delitzsch area (Pterygota, Arnsbergian, Germany)]. *Neues Jahrbuch für Geologie und Paläontologie*, Monatshefte 1: 17–30.

Wilco C. E. P. Verberk, David T. Bilton, (2011) Can Oxygen Set Thermal Limits in an Insect and Drive Gigantism? *PlosOne*, 6(7): e22610.

Benjamin Wipfler, Harald Letsch, Paul B. Frandsen, Paschalia Kapli, Christoph Mayer, Daniela Bartel, Thomas R. Buckley, Alexander Donath, Janice S. Edgerly-Rooks, Mari Fujita, Shanlin Liu, Ryuichiro Machida, Yuta Mashimo, Bernhard Misof, Oliver Niehuis, Ralph S. Peters, Malte Petersen, Lars Podsiadlowski, Kai Schütte, Shota Shimizu, Toshiki Uchifune, Jeanne Wilbrandt, Evgeny Yan, Xin Zhou, Sabrina Simon, (2019) Evolutionary history of Polyneoptera and its implications for our understanding of early winged insects. *PNAS*, 116(8): 3024–3029.

第5章　愛 情

一般書籍

『エディアカラ紀・カンブリア紀の生物』監修：群馬県立自然史博物館，著：土屋健，技術評論社，2013 年

『オックスフォード動物行動学事典』編集：デイヴィド・マクファーランド，どうぶつ社，1993 年

『カメのきた道』著：平山廉，ＮＨＫ出版，2007 年

『古生物学事典　第 2 版』編集：日本古生物学会，朝倉書店，2010 年

『小学館の図鑑ＮＥＯ［新版］鳥』監修：上田恵介，小学館，2015 年

『小学館の図鑑ＮＥＯ 両生類・はちゅう類』著：松井正文ほか，小学館，2004 年

『進化学事典』編集：日本進化学会，共立出版，2012 年

『そして恐竜は鳥になった』監修：小林快次，著：土屋健，誠文堂新光社，2013 年

『石炭紀・ペルム紀の生物』監修：群馬県立自然史博物館，著：土屋健，技術評論社，2014 年

『ティラノサウルスはすごい』監修：小林快次，著：土屋健，文春新書，2015 年

『白亜紀の生物　下巻』監修：群馬県立自然史博物館，著：土屋健，技術評論社，2015 年

『The Princeton Field guide to DINOSAURUS 2nd edition』著：Gregory S. Paul, Princeton University Press, 2016

『*Tyrannosaurus rex* TYRANT KING』編集：Peter Larson, Kenneth Carpenter, Indiana University Press, 2008

雑誌記事

「嘴はいつ進化したのか？」文：小林快次，BIRDER，2020 年 8 月号

プレスリリース

恐竜の卵展図録：福井県立恐竜博物館，2017 年

「『恐竜が卵を温める方法』を解明！」名古屋大学，2018 年 3 月 15 日

「北米大陸初の羽毛恐竜の発見と鳥類の翼の起源を解明」北海道大学，2012 年 10 月 26 日

企画展図録

恐竜の卵展図録：福井県立恐竜博物館，2017 年

WEB サイト

「目が離せない恐竜発掘・研究事情」国立科学博物館：http://www.kahaku. go.jp/userguide/hotnews/theme.php?id=0001242347625173&p=3

学術論文など

田中康平ほか，2018，非鳥類型恐竜類から鳥類へ，営巣方法と営巣行動の変遷，日本鳥類学会誌，67（1），p. 25–40

Darla K. Zelenitsky, François Therrien, Gregory M. Erickson, Christopher L. DeBuhr, Yoshitsugu Kobayashi, David A. Eberth, Frank Hadfield, (2012) Feathered Non-Avian Dinosaurs from North America Provide Insight into Wing Origins. *Science*, 338(6106), 510–514.

David J. Siveter, Mark D. Sutton, Derek E. G. Briggs, Derek J. Siveter, (2003) An Ostracode Crustacean with Soft Parts from the Lower Silurian. *Science*, 302(5651),1749–1751.

David J Varricchio, Anthony J Martin, Yoshihiro Katsura, (2007) First trace and body fossil evidence of a burrowing, denning dinosaur. *Proc. R. Soc. B*, 274(1616): 1361–1368.

David J. Varricchio, Jason R. Moore, Gregory M. Erickson, Mark A. Norell, Frankie D. Jackson, (2008) Avian Paternal Care Had Dinosaur Origin. *Science*, 322(5909): 1826–1828.

Geoffrey F. Birchard, Marcello Ruta, D. Charles Deeming, (2013) Evolution of parental incubation behaviour in dinosaurs cannot be inferred from clutch mass in birds. *Biol. Lett.*, 9: 20130036.

Jasmina Wiemann, Tzu-Ruei Yang, Mark A. Norell, (2018) Dinosaur egg colour had a single evolutionary origin. *nature*, 563: 555–558.

Jason R. Moore, David J. Varricchio, (2016) The Evolution of Diapsid Reproductive Strategy with Inferences about Extinct Taxa. *PLoS ONE*, 11(7): e0158496.

Jefferey A. Wilson (2010), Predation upon Hatchling Dinosaurs by a New Snake from the Late Cretaceous of India. *PLoS Biol.*, 8(3): e1000322.

John J. Borkowski, Dhananjay M. Mohabey, Shanan E. Peters, Jason J Head, (2008) Avian Paternal Care Had Dinosaur Origin. *Science*, 322: 1826–1828.

Edwin A. Cadena, James F. Parham, (2015) Oldest known marine turtle? A new protostegid from the Lower Cretaceous of Colombia. *PaleoBios*, 32(1): 1–42.

John A. Long, Elga Mark-Kurik, Zerina Johanson, Michael S. Y. Lee, Gavin C. Young, Zhu Min, Per E. Ahlberg, Michael Newman, Roger Jones, Jan den Blaauwen, Brian Choo, Kate Trinajstic, (2015) Copulation in antiarch placoderms and the origin of gnathostome internal fertilization. *nature*, 517: 196–199.

Kohei Tanaka, Darla K. Zelenitsky, François Therrien,Yoshitsugu Kobayashi, (2017) Nest substrate reflects incubation style in extant archosaurs with implications for dinosaur nesting habits. *Scientific Reports*, 8: 3170(article number).

Mary H. Schweitzer, Jennifer L. Wittmeyer, John R. Horner, (2005) Gender-Specific Reproductive Tissue in Ratites and *Tyrannosaurus rex*. *Science*, 308(5727): 1456–1460.

Mary H. Schweitzer, Jennifer L. Wittmeyer, John R. Horner, Jan K. Toporski, (2005) Soft-Tissue Vessels and Cellular Preservation in *Tyrannosaurus rex*. *Science*, 307(5717): 1952–1955.

Mary Higby Schweitzer, Wenxia Zheng, Lindsay Zanno, Sarah Werning, Toshie Sugiyama, (2016) Chemistry supports the identification of gender-specific reproductive tissue in *Tyrannosaurus rex*. *Scientific Reports*, 6: 23099(article number).

Matthew E. Clapham, Jered A. Karr, (2012) Environmental and biotic controls on the evolutionary history of insect body size. *PNAS*, 109(27): 10927–10930.

Thomas A. Hegna, Markus J. Martin, Simon A. F. Darroch, (2017) Pyritized in situ trilobite eggs from the Ordovician of New York (Lorraine Group): Implications for trilobite reproductive biology. *Geology*, 45(3), 199–202.

コラム

一般書籍

『エディアカラ紀・カンブリア紀の生物』監修：群馬県立自然史博物館，著：土屋健，技術評論社，2013 年

『アノマロカリス解体新書』監修：田中源吾，著：土屋健，絵：かわさきしゅんいち，ブックマン社，2020 年

『海洋生命 5 億年史』監修：田中源吾／冨田武照／小西卓哉／田中嘉寛，著：土屋健，文藝春秋，2018 年

『古生物たちのふしぎな世界』協力：田中源吾，著：土屋健，講談社，2017 年

『古第三紀・新第三紀・第四紀の生物 上巻』監修：群馬県立自然史博物館，著：土屋健，技術評論社，2016 年

『ジュラ紀の生物』監修：群馬県立自然史博物館，著：土屋健，技術評論社，2015 年,

『石炭紀・ペルム紀の生物』監修：群馬県立自然史博物館，著：土屋健，技術評論社，2014 年

『デボン紀の生物』監修：群馬県立自然史博物館，著：土屋健，技術評論社，2014 年

『別冊日経サイエンス 地球を支配した恐竜と巨大生物たち』日経サイエンス社，2004 年

学術論文など

Daniel B. Thomas,Daniel T. Ksepka,R. Ewan Fordyce, (2011) Penguin heat-retention structures evolved in a greenhouse Earth. *Biol. Lett.*, 7(3): 461–464.

K. D. Angielczyk, L. Schmitz, (2014) Nocturnality in synapsids predates the origin of mammals by over 100 million years. *Proc. R. Soc.* B, 281(1793): 20141642.

Leif Tapanila, Jesse Pruitt, Cheryl, D. Wilga, Alan Pradel, (2018) Saws, scissors and sharks: Late Paleozoic experimentation with symphyseal dentition. *The Anatomical Record*, 303(2): 363–376.

Peter Van Roy, Allison C. Daley, Derek E.G. Briggs, (2015) Anomalocaridid trunk limb homology revealed by a giant filter-feeder with paired flaps. *nature*, 522(7554): 77–80.

Yuta Shiino, Osamu Kuwazuru, Nobuhiro Yoshikawa, (2008) Computational fluid dynamics simulations on a Devonian spiriferid *Paraspirifer bownockeri* (Brachiopoda): Generating mechanism of passive feeding flows. *Journal of Theoretical Biology*, 259(1): 132–141.

協力者略歴

浅原正和（あさはら・まさかず） 1982年，静岡県生まれ．京都大学大学院理学研究科生物科学専攻修了，博士（理学）．現在，愛知学院大学教養部生物学教室准教授．専門は多様性生物学，進化生物学．カモノハシを含む哺乳類の歯や頭骨の形態進化を研究している．主な著書に『カモノハシの博物誌』（技術評論社，2020）がある．2016年に日本哺乳類学会奨励賞，2019年に日本進化学会研究奨励賞を受賞．本書の第2章に協力．

佐藤友彦（さとう・ともひこ） 1984年京都府生まれ．2007年東京大学理学部卒業，2012年東京大学理学系研究科地球惑星科学専攻博士課程修了．博士（理学）．東京大学大学院総合文化研究科特任研究員を経て，現在，東京工業大学理学院地球惑星科学系特別研究員．専門は地球史．カンブリア紀の生物進化・環境変動について研究している．本書の第1章に協力．

田中康平（たなか・こうへい） 1985年愛知県生まれ．2008年北海道大学理学部卒業，2017年カルガリー大学地球科学科修了（Ph.D.）．日本学術振興会特別研究員SPD（名古屋大学博物館）を経て，現在，筑波大学生命環境系助教．専門は古脊椎動物学．恐竜の繁殖行動や子育てについて研究している．主な訳書にナイシュ他『恐竜の教科書』（共監訳，創元社，2019），ノレル『アメリカ自然史博物館 恐竜大図鑑』（監訳，化学同人，2020），ベントン『恐竜研究の最前線』（監修・翻訳，創元社，2021）などがある．本書の第5章に協力．

藤原慎一（ふじわら・しんいち） 1979年千葉県生まれ．2003年東京大学理学部卒業，2008年東京大学大学院理学系研究科地球惑星科学専攻博士課程修了．博士（理学）．東京大学総合研究博物館特任研究員，同館マクロ先端特任助教などを経て，現在，名古屋大学博物館講師．専門は機能形態学，解剖学，古脊椎動物学．主な訳書にファストフスキー他『恐竜学入門』（共訳，東京化学同人，2015）などがある．ほか，監修書多数．本書の第3章に協力．

望月貴史（もちづき・たかふみ） 1983年静岡県生まれ．2008年筑波大学第一学群卒業，2013年東京大学大学院理学系研究科地球惑星科学専攻博士課程単位取得退学．2014年同課程博士（理学）取得．現在，岩手県立博物館地質部門専門学芸員，三陸ジオパーク学術アドバイザー．専門は地学．北上山地の主に古生代の地層から産出する化石について研究している．本書の第1章に協力．

監修者略歴

群馬県立自然史博物館（ぐんまけんりつしぜんしはくぶつかん） 1996 年，富岡製糸場で有名な群馬県富岡市に開館．地球と生命の歴史，群馬県の豊かな自然を紹介する「見て・触れて・発見できる」博物館．常設展には，全長15m のカマラサウルスの実物骨格やブラキオサウルスの全身骨格，ティラノサウルスの実物大ロボット，トリケラトプスの産状復元と全身骨格などの恐竜をはじめ，三葉虫の進化系統樹や大型ウミサソリ，皮膚の印象とサメの噛み跡が残ったヒゲクジラ類化石やヤベオオツノジカの全身骨格などを展示．そのほか，群馬県の豊かな自然を再現したブナ林などのジオラマ，ダーウィン直筆の手紙，アウストラロピテクスなど化石人類のジオラマなどが並ぶ．企画展，特別展を各シーズンで開催．

イラストレーター略歴

かわさきしゅんいち 1990 年，大阪府生まれ．一般企業に就職後，独立．現在，絵本作家，動物画家，漫画家．生物多様性の面白さを伝えるため，時代や分類問わず生き物の目線や人とのつながりを描く．著書に絵本『うみがめぐり』（仮説社，2017 年）がある．また，『アノマロカリス解体新書』（ブックマン社，2020）『地球生命 水際の興亡史（生物ミステリー プロ）』（技術評論社，2021）などに線画や水彩画を提供．本書の装画，第 1 章，第 2 章，第 4 章，コラムと，第 3 章のエオラプトルのイラストを制作．情報発信は Twitter : @nupotsu104 より．

藤井康文（ふじい・やすふみ） 1949 年，山口県生まれ．1972 年，立教大学経済学部卒業．広告代理店，制作会社を経て，1980 年代から現在まで古生物復原画家として活躍．著書に『藤井康文 恐竜画集』（日販アイ・ピー・エス，2019）がある．また，『本格イラスト事典 恐竜』（スタジオタッククリエイティブ，2021），『恐竜（学研の図鑑 LIVE）』（学研，2014），『小学館の図鑑 NEO 恐竜』（小学館，2002）など，多数の書籍・雑誌にイラストを提供．本書の第 5 章と，第 3 章のエオラプトル以外のイラストを制作．

著者略歴

（つちや・けん）

2003年，金沢大学大学院自然科学研究科修士課程修了．科学雑誌『Newton』の編集記者，部長代理を経て，現在，オフィス ジオパレオント代表，サイエンスライター．日本古生物学会会員，日本地質学会会員，日本文藝家協会会員．専門は地質学，古生物学．近著に，『恐竜・古生物に聞く第6の大絶滅 君たち（人類）はどう生きる？』（イースト・プレス，2021），『ゼロから楽しむ古生物 姿かたちの移り変わり』『地球生命 水際の興亡史』（ともに技術評論社，2021）など．ほか，著書・監修書多数．2019年，日本古生物学会貢献賞を受賞．

土屋健
機能獲得の進化史
化石に見る「眼・顎・翼・あし」の誕生
監修　群馬県立自然史博物館
イラスト　かわさきしゅんいち・藤井康文

2021年8月6日　第1刷発行

発行所 株式会社 みすず書房
〒113-0033 東京都文京区本郷2丁目20-7
電話 03-3814-0131(営業) 03-3815-9181(編集)
www.msz.co.jp

本文組版 キャップス
本文印刷・製本所 中央精版印刷
扉・表紙・カバー印刷所 リヒトプランニング

ISBN 978-4-622-09029-8
［きのうかくとくのしんかし］